21世纪全国高等院校艺术设计系列实用规划教材

园林景观手绘效果图快速表现技法

主　编　文　健　娄建新
副主编　徐方金　关　未　胡华中　胡　娉

内容简介

本书主要内容包括园林景观手绘效果图快速表现技法概述、园林景观配景手绘表现、住宅庭院设计、优秀园林景观手绘效果图赏析4部分。本书系统地介绍园林景观手绘效果图快速表现技法的表现技巧，并通过大量的案例图片和示范步骤，形象而直观地阐述园林景观手绘效果图的训练方法。

本书内容全面，训练方法科学有效，图文并茂，理论结合实践，紧接专业市场，实践性强。可作为高等院校环境艺术设计等专业的教材，也可作为行业爱好者的自学辅导用书。

图书在版编目(CIP)数据

园林景观手绘效果图快速表现技法/文健，娄建新主编．—北京：北京大学出版社，2011.7
(21世纪全国高等院校艺术设计系列实用规划教材)
ISBN 978-7-301-19173-6

Ⅰ.①园… Ⅱ.①文…②娄… Ⅲ.①景观—园林设计—绘画技法—高等学校—教材 Ⅳ.①TU986.2

中国版本图书馆CIP数据核字(2011)第125287号

书　　　名：	园林景观手绘效果图快速表现技法
著作责任者：	文　健　娄建新　主编
责 任 编 辑：	孙　明
标 准 书 号：	ISBN 978-7-301-19173-6/J · 0389
出　版　者：	北京大学出版社
地　　　址：	北京市海淀区成府路205号　100871
网　　　址：	http://www.pup.cn　http://www.pup6.com
电　　　话：	邮购部 62752015　发行部 62750672　编辑部 62750667　出版部 62754962
电 子 邮 箱：	pup_6@163.com
印　刷　者：	北京大学印刷厂
发　行　者：	北京大学出版社
经　销　者：	新华书店
	787mm×1092mm　16开本　9.5印张　219千字
	2011年7月第1版　2016年7月第3次印刷
定　　　价：	42.00元

未经许可，不得以任何方式复制或抄袭本书之部分或全部内容。
版权所有　侵权必究　　举报电话：010-62752024
　　　　　　　　　　　电子邮箱：fd@pup.pku.edu.cn

前 言

园林景观设计是环境艺术设计的一个分支和重要组成部分，大到绵延几十平方千米的风景区规划，小到十几平方米的庭院设计，都属于园林景观设计的范畴。园林景观设计是科学与艺术的结晶，融合了工程和艺术、自然与人文科学的精髓，其最终目的是在人与人之间、人与自然之间创造和谐的环境景观，优化人类的生存环境。

园林景观设计是一门综合性学科，其内容涉及美学、环境学、声学、光学、气候学和植物学等多个学科。同时，园林景观设计又是一门非常重视实践的学科，其学习和认知过程与设计实践紧密相连。手绘园林景观效果图是园林景观设计师进行设计分析和构思的手段和方法之一，也是提供给客户用以阐述设计思想的图纸，其表现水平的高低直接影响到最终的业务成败。因此，手绘园林景观效果图往往成为设计师的"制胜法宝"，在激烈的设计业务竞争中发挥着重要作用。本书编写的初衷就是在系统而详实地介绍园林景观设计基本理论的基础上，通过大量的图片案例资料和清晰的示范步骤，让学生全面地掌握手绘园林景观效果图的方法和技巧，并能运用这些技巧绘制不同园林景观空间的效果图。

本书内容全面，条理清晰，理论结合实践，图文并茂，紧接专业市场，实践性强，对在校学生有很大的指导作用。本书的图片和案例都经过精挑细选，能帮助学生更加形象直观地理解理论知识，这些精美的图片和优秀的设计案例还具有较高的参考和收藏价值。

本书的第一章、第二章和第四章由文健编写，第三章由娄建新编写，本书在编写过程中得到了广东白云技师学院艺术系广大师生的大力支持和帮助，徐方金、关未、胡华中、胡娉为本书提供了大量图片，在此表示衷心的感谢。

由于编者的水平有限，本书可能存在一些不足之处，敬请读者批评指正。

编者
2011年5月

目 录

第一章 园林景观手绘效果图快速表现技法概述 1

第二章 园林景观配景手绘表现 7

  第一节 园林景观配景的线描与着色表现 7

  第二节 园林景观场景表现 75

第三章 住宅庭院设计 89

  第一节 住宅庭院的风格 89

  第二节 住宅庭院设计与表现 103

第四章 优秀园林景观手绘效果图赏析 120

参考文献 146

第一章 园林景观手绘效果图快速表现技法概述

园林景观设计是环境艺术设计的一个分支和重要组成部分，大到绵延几十千米的风景区规划，小到十几平方米的庭院设计，都属于园林景观设计的范畴。园林景观设计是科学与艺术的结晶，融合了工程与艺术、自然与人文科学的精髓，其最终目的是在人与人之间、人与自然之间创造和谐的环境景观，优化人类的生存环境。

一、园林景观设计的概念

园林景观设计是一门以环境景观规划为主题的设计学专业学科。它所涉及的范围非常广泛，是一门集艺术学、工程技术学、环境学、生态学、植物配置学、社会人文学等为一体的综合性学科。园林景观设计的宗旨就是通过对特定环境进行科学的分析，合理的规划，表现出具有一定社会文化内涵和审美趋向的景色，从而为人类的户外活动创造一个良性的、优化的、艺术化的环境。美好的环境可以调节人的心情和丰富人的思想感情，优秀的景观设计作品集自然美与人工美为一身，创造出幽雅、恬静、舒适的环境，使人在精神上得到放松、愉悦和满足。

二、园林景观设计的特点

1. 科学性

园林景观设计是一门综合性学科，它所改造的环境对象是一个复杂的整体，它所服务的对象人也是具有思想的个体，如何使自然环境与人文环境高度和谐，这就需要进行合理的规划和设计，包括对地形地貌的勘测，对土壤、水源、气候的考查，对周围民俗、宗教、人文环境的了解，等等。此外，园林景观设计也是一门工程技术性很强的学科，在图纸的设计、施工质量的监控，植物配置与维护等方面，都需要严谨科学的管理和规范化的实施。

2．艺术性

艺术性是园林景观设计的灵魂，只有具备高度艺术感的园林景观设计作品才具有生命力。艺术性主要是表现美，美是事物现象与本质的高度统一，是形式与内容的巧妙结合。园林景观设计师就是要通过对环境艺术性的设计和改造，提炼加工出一些典型的艺术特征，并合理地组合、协调，展现出美。

园林景观设计不仅是一门工程类学科，而且也是一门融合了文学、建筑、雕塑等艺术门类为一体的艺术类学科。将园林景观设计与文学相结合，可以创造出具有文化内涵的意境美，如"清风明月本无价，近水远山皆有情"，"最爱湖东行不足，绿杨荫里白沙堤"，"乱花渐欲迷人眼，浅草才能没马蹄"，等等。这些诗里表现出来的文学意境通过徐徐的清风、静静的湖水、青青的草坪、烂漫的花丛、郁郁的花香、涓涓的泉水展现出来，是一种无限深远的美。将园林景观设计与雕塑相结合，通过具有具象和抽象意义的雕塑作品，将生活中的美凝固起来，使人驻足观赏时能够引起心理的共鸣，达到审美的体验。

3．功能性

功能性即园林景观设计所必须考虑的以满足人的活动为主的功能设置要求。如用于人休息的园凳、园椅，用于照明的园灯，用于收集垃圾的果皮箱，用于维护安全的栏杆，等等。只有充分满足人的功能要求，才能体现出"设计以人为本"的宗旨。

三、园林景观设计手绘效果图和表现技法概述

园林景观设计手绘效果图是环境艺术设计师徒手绘制的表现性图纸，它可以在较短时间内直观而快捷地表达设计意图和沟通设计方案，是设计师进行设计方案的分析与比较，以及展现设计创意的法宝。

园林景观设计手绘效果图表现技法则是为提高环境艺术设计师手绘效果图表现能力而制定的科学和有效的训练方法。它通过对环境艺术设计师进行空间构图、空间透视、造型、线条和色彩等方面的训练，使环境艺术设计师掌握手绘效果图的表现方法和技巧，从而绘制出准确而美观的手绘图纸。

四、园林景观设计手绘效果图快速表现的工具

园林景观设计手绘效果图快速表现的工具主要有以下几类。

（1）笔：包括钢笔、针管笔、彩色铅笔、马克笔等，图1-1所示。

钢笔笔头坚硬，所绘线条刚直有力，是徒手表现的首选工具。钢笔有普通钢笔和美工钢笔两种。普通钢笔画的线条粗细均匀、挺直舒展；美工钢笔画的线条粗细变化丰富、线面结合、立体感强。两种钢笔各有特点，可以配合在一起使用。

针管笔有金属针管笔和一次性针管笔两种，有0.1mm、0.2mm、0.3mm、0.4mm、0.5mm、0.6mm、0.7mm等不同型号。可根据不同的绘制要求选择不同型号的针管笔，其绘制的线条流畅自然，细致耐看。

彩色铅笔有水溶性和蜡性两种，色彩丰富，笔触细腻，可表现较细密的质感和较精细的画面。

图1-1 手绘工具

马克笔有油性、水性和酒精性之分。笔头宽大，笔触明显，色彩退晕效果自然，可表现大气、粗犷的设计构思草图。

（2）纸：可采用较厚实的铜版纸、高级白色绘图纸和复印纸等，要求纸质白皙、紧密，吸水性较好。

（3）其他工具：直尺、曲线板、橡皮、图板、丁字尺、三角尺、透明胶带等。

五、园林景观设计手绘效果图快速表现技法的学习方法

园林景观设计手绘效果图快速表现技法是一门实践性很强的课程，需要制定科学的训练计划和行之有效的学习方法。首先要有一个良好的心态，避免浮躁情绪，以及好高骛远、急功近利的做法，坚持从点滴做起，一步一个脚印，扎扎实实地去学。其次要制订科学有效的训练计划，并严格按照计划去训练和提高，切不可半途而废。环境艺术设计手绘效果图表现技法可以从以下两个方面来进行训练。

1．钢笔线条的训练

手绘表现主要通过钢笔或针管笔来勾画物体轮廓，塑造物体形象，因此钢笔线条的练习成为手绘训练的重点。钢笔线条本身就具有无穷的表现力和韵味，它的粗细、快慢、软硬、虚实、刚柔和疏密等变化可以传递出丰富的质感和情感。

钢笔线条主要分为慢写线条和速写线条两类。

慢写线条注重表现线条自身的韵味和节奏，绘制时要求用力均匀，线条流畅、自然。

通过训练慢写线条，不仅可以提高手对钢笔线条的控制力，使脑与手配合更加完美，而且可以锻炼绘画者的耐心和毅力，为设计创作打下良好的心理基础。

速写线条注重表现线条的力度和速度，绘制时用笔较快，线条刚劲有力，挺拔帅气。通过训练速写线条，可以提高绘画者的概括能力和快速表现能力。

2．临摹

手绘表现是艺术表现的一个门类，艺术表现的训练需要继承前人优秀的表现手法和表现技巧，这样不仅可以在短时间内迅速提高练习者的表现能力，而且可以取长补短、博采众长，最终形成自己独特的表现风格。

临摹优秀的手绘表现作品是学习手绘表现的捷径，对于初学者来说，是一种迅速见效的方法。临摹面对的是经过整理加工的作品，这就有利于初学者直观地获得优秀作品的画面处理技巧，并经过消化和吸收，转化为自己的表现技巧。临摹还有一个好处是可以接触和尝试许多不同风格的作品，这样可以极大地拓展初学者的眼界，丰富初学者的表现手段。因为临摹接触的是优秀的作品，这就使得初学者能够站在专业的高度上看清自己的位置和日后的发展方向，这比单纯的技术训练更具有深远的意义。

临摹是能够迅速把技术训练和设计思想结合起来的有效学习手段。手绘表现不仅是技术的训练，也是设计思想的训练。临摹一方面是学习具体的作画技巧，另一方面也在学习作画者的设计理念。一件优秀的手绘表现作品，技术的因素是次要的，重要的在于隐含在技术之中的设计理念，好的设计理念才是优秀手绘表现作品的核心。

临摹分为摹写和临绘两个阶段，在摹写阶段，要求练习使用透明的硫酸纸复制别人的作品，这样可以直观地获取对方的构图、线条和色彩，并培养练习者的绘画感觉。在临绘阶段，要求练习者将所临摹的图片（或作品）置于绘图纸的左上角，先用眼睛观察，再用手绘方式临绘下来，力求做到与原作品相似或相近。这种练习可以培养练习者的观察能力和手绘转化能力。

临摹只是学习手绘表现技巧的一种方法，切不可一味临摹而缺乏自己的风格，在临摹到一定程度时，就要运用临摹中学到的表现手法进行创作，最终将这些表现手法概括归纳，消化吸收，成为自己的表现手法，这样才能绘制出有自己独特个性和风格的作品，如图1-2～图1-4所示。

这幅手绘园林景观设计效果图作品构图合理，钢笔线条流畅、生动，通过色彩的冷暖搭配，使画面的主体景观很好地显现出来，并使画面看上去主次分明、虚实有度。

这幅手绘园林景观设计效果图作品借鉴了中国传统的水墨渲染和没骨画技法，通过对建筑配景的弱化处理，突出了建筑主体景观，使画面看上去主次分明、虚实得当。同时，画面中黑色的巧妙运用，也增添了画面的节奏感和韵律美感。

图1-2 手绘园林景观设计平面图 文健

图1-3 手绘园林景观设计效果图 徐方金

图1-4 手绘园林景观设计效果图 沙沛

思考题

1. 园林景观设计的概念和特点是什么?
2. 简述园林景观设计手绘效果图快速表现技法的学习方法。

第二章　园林景观配景手绘表现

园林景观配景是园林景观设计的重要组成部分，一个完整的景观设计方案是由许多园林景观配景组合而成的，园林景观配景包括园林建筑、园林水景、园林道路和园林植物等。

第一节　园林景观配景的线描与着色表现

一、园林建筑的线描与着色表现

园林建筑是一种独具特色的建筑类型，它既要满足建筑的使用功能要求，又要满足园林景观的造景要求，并与园林环境密切结合，与自然融为一体。园林建筑分为游憩性建筑和园林建筑小品两大类。游憩性建筑有休息、游赏的实用功能，如亭、廊、花架等；园林建筑小品以装饰园林环境为主，注重外观形象的艺术效果，兼有一定实用功能，如园灯、园椅、指示牌、景墙、栏杆和园桥等。

1. 园亭的线描与着色表现

园亭是园林中运用较多的一种建筑形式，它不仅具有为游园者提供休憩和遮风避雨的实用功能，而且其多变的造型更使其具有装饰功能。（汉）许慎《说文》："亭，停也，人所停集也。"园亭主要供人休憩观景，可眺望，可观赏，可休息，可娱乐。亭在造园艺术中的广泛应用，标志着园林建筑在空间上的突破，或立山巅，或枕清流，或临涧壑，或傍岩壁，或处平野，或藏幽林，空间上独立自在，布局上灵活多变。

园亭的结构包括亭顶、亭柱和台基三部分。根据材料的不同，园亭又可分为竹亭、石亭、木亭和铁艺亭等。园亭的造型有三角形、四角形、六角形和圆形等，层数分为单层、双层和多层。

园亭的线描与着色表现如图2-1～图2-8所示。

图2-1　园亭意向图1

图2-2　园亭意向图2

图2-3 园亭的画法1 严健、陈松林

这三幅圆亭的手绘表现图画法细腻、精致，质感和光感的表现非常到位，给人以真实感。此外，在画面景观层次的处理上也别具匠心，使画面的空间感得到了加强。

第二章 园林景观配景手绘表现

图2-4 园亭的画法2 文健

这幅圆亭的手绘表现图构图严谨，钢笔线条流畅、细腻，较好地表现出了物体的质感差异。此外，圆亭的造型也极具特色，可以作为设计的参考素材。

图2-5 园亭的画法3 文健

图2-6　园亭的画法4　严健、吴林东

这三幅圆亭的手绘表现图造型和结构都非常严谨，比例匀称，线条准确而生动，画法深入细致，画面效果疏密得当，虚实有度。

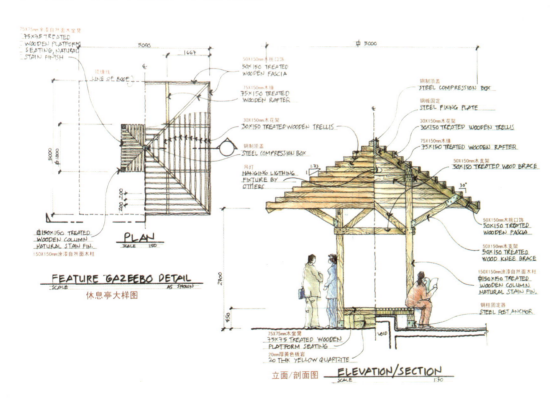

图2-7　园亭的画法5　贝尔高林公司作品

这幅圆亭的手绘施工平面图、立面图，造型和结构严谨，尺寸规范，符合人体工程学设计，可以较好地指导施工作业。

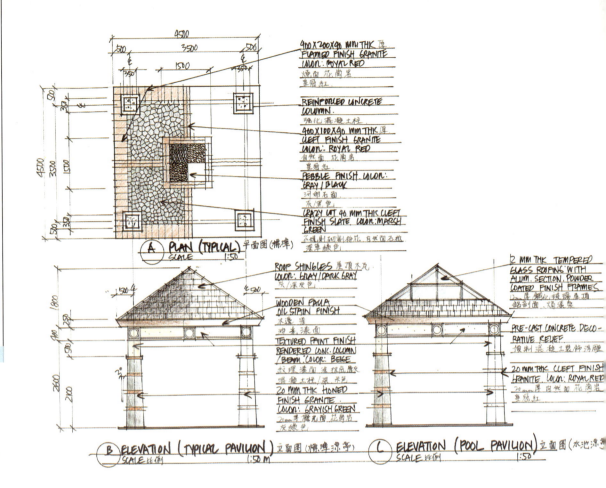

图2-8　园亭的画法6　贝尔高林公司作品

2．花架的线描与着色表现

花架是攀缘植物的棚架，花架既可以用来遮蔽阳光，达到消暑避热的功效，又可以用来划分空间，增加风景的深度，装饰园林景观环境。花架比园亭更为通透，由于绿色植物及花果自由地攀绕和悬挂，更添一番生气。花架在现代园林中除了供植物攀缘外，有时也取其形式轻盈特性以点缀园林建筑的某些墙段或檐头，使之更加活泼和具有园林的性格。

花架造型比较灵活和富于变化，最常见的形式是梁架式，一般由4或6根立柱支撑，顶部横向布置十余根横梁；另一种是半边立柱半边墙垣，上边叠架横梁的半边廊式。花架最常用的材料是防腐木，欧洲的一些装饰性花架采用半圆弧造型，材料多用铁艺。

花架的线描与着色表现如图2-9～图2-14所示。

图2-9 花架意向图1

图2-10 花架意向图2

第二章 园林景观配景手绘表现

图2-11　花架的画法1　严健

这三幅花架的手绘表现图造型和透视关系都非常严谨，比例协调，线条简洁、生动，光影表现较好，画面的空间感和层次感较丰富。

图2-12 花架的画法2 陈松林、林文冬

这两幅花架的手绘表现图结构严谨,色彩和光影的表现较深入,细节刻画精致入微,画面的空间感和层次感处理较好,画面效果松紧得当、收放自如。

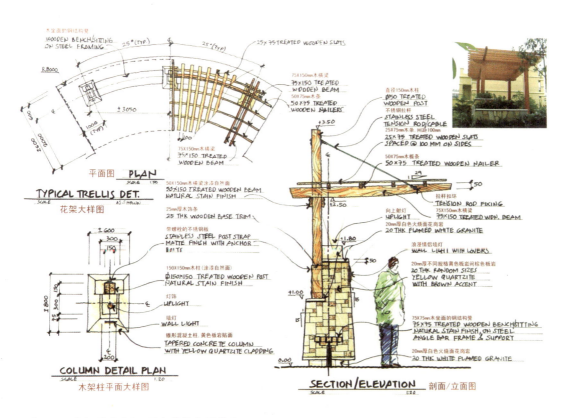

图2-13 花架的画法3 贝尔高林公司作品

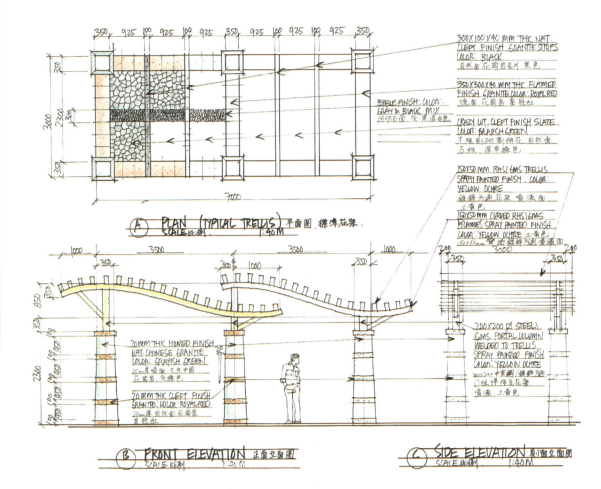

图2-14 花架的画法4 贝尔高林公司作品

3. 园灯的线描与着色表现

园灯的主要作用是照明，用来提高夜色中园林道路的识别率，同时还可以美化和装饰环境，烘托气氛，营造光怪陆离的光环境。园灯结构一般分为灯头、灯杆和灯座三部分。造型样式较丰富，有仿传统的古典式，仿自然植物形状的自然式等。园灯材料多用铸铁、不锈钢等耐腐蚀、耐久的材料。

园灯的线描与着色表现如图2-15～图2-21所示。

图2-15 园灯意向图

图2-16 园林景观夜景照明意向图

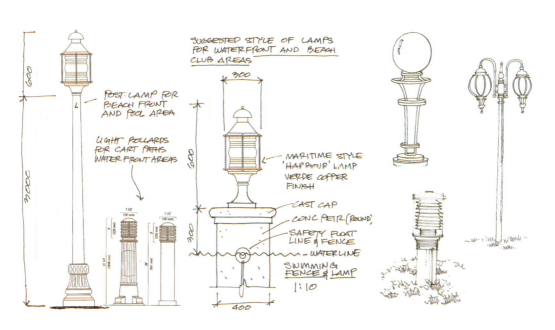

图2-17 园灯的画法1 贝尔高林公司作品

第二章 园林景观配景手绘表现

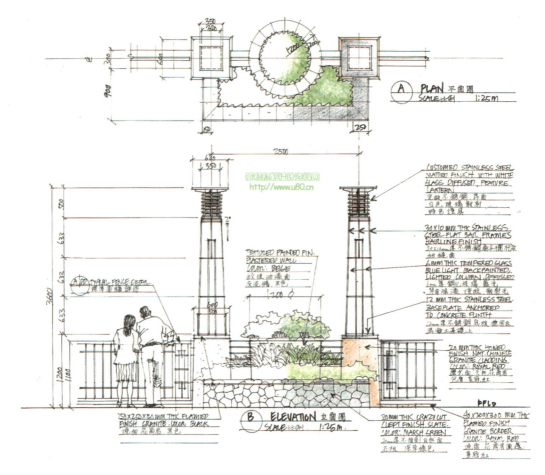

图2-18 园灯的画法2 贝尔高林公司作品

图2-19 日式石灯笼意向图1

图2-20 日式石灯笼意向图2

第二章 园林景观配景手绘表现

这四幅日式石灯笼的手绘表现图形体结构严谨，笔法工整而细腻，线条流畅、优美，较好地表现出了日式石灯笼的造型特点和结构特征。同时，也为景观设计搜集了素材。

图2-21 日式石灯笼画法 文健

4. 园椅的线描与着色表现

园椅的主要作用是设置在游园道路两边供游人休息用。园椅造型样式丰富，可直可曲、可大可小，可以由铸铁精制而成，也可以由几根枯木、几方石头散落而成，自由度较大，讲究与整体环境的和谐、统一。

园椅的线描与着色表现如图2-22～图2-30所示。

图2-22

图2-23　　图2-24

图2-22　园椅意向图1

图2-23　园椅意向图2

图2-24　园椅意向图3

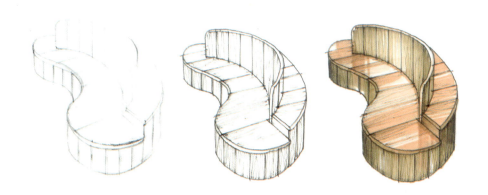

图2-25 园椅的画法1 文健

这套园椅的画法步骤图用笔工整而细腻,线条主次分明,质感和光感表现丰富,较好地描绘出了园椅的形体特征。

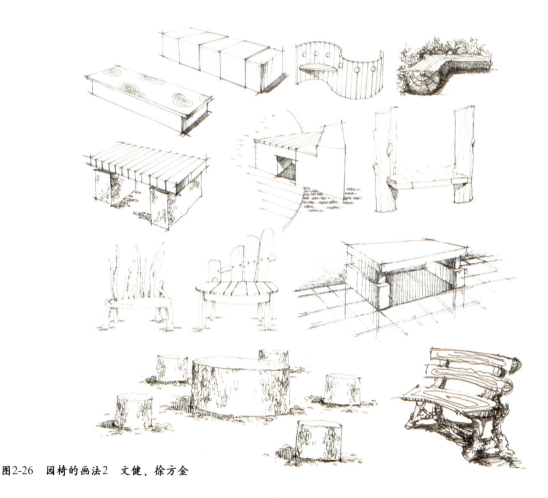

图2-26 园椅的画法2 文健、徐方金

这组园椅的表现图形态各异,造型各具特色,线条流畅自然,为景观设计提供了丰富的素材。

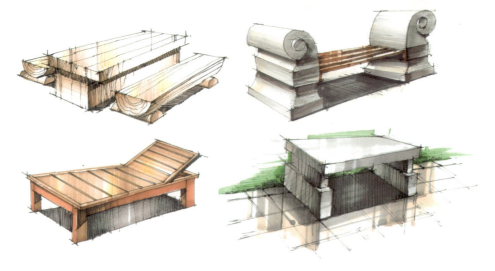

图2-27　园椅的画法3　文健、徐方金

　　这组园椅的手绘表现图造型准确，线条简洁、流畅，充满节奏感和韵律感，展现了设计者较好的造型能力和写实技巧。

图2-28　园椅的画法4　文健

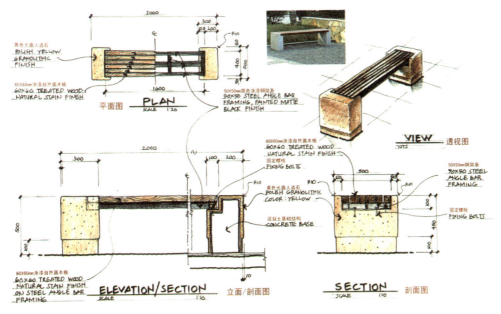

| 图2-29 | 图2-29 | 园椅的画法5 | 贝尔高林公司作品 |
| 图2-30 | 图2-30 | 园椅的画法6 | 贝尔高林公司作品 |

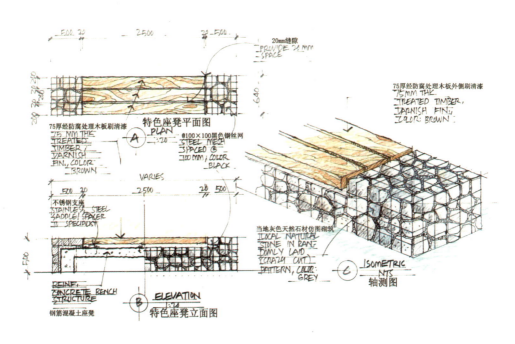

5．指示牌的线描与着色表现

指示牌的主要作用是指明园林景点的位置和路线，其设置在园林的入口和交叉路口处。指示牌的造型样式丰富，有用不锈钢或铝塑板精制而成的现代式，也有用原木、麻绳组合而成的自然式。

指示牌的线描与着色表现如图2-31～图2-33所示。

图2-31 指示牌意向图1

图2-32 指示牌意向图2

图2-33 指示牌的画法 文健

这组指示牌的手绘表现图笔法简练而生动,线条流畅且虚实有度,展现出了设计草图特有的轻松感和韵味。

6. 景墙的线描与着色表现

景墙是设计师根据园林景观布局和审美的需要，人工制作的一面墙。它的主要作用是美化园林景观环境，丰富空间层次，强化某一区域的视觉效果。景墙的造型样式丰富，包括对称式、重复式、对比式等，材料常用文化石、火烧石、板岩和砂岩等粗糙的材料，达到自然、休闲的效果。

景墙的线描与着色表现如图2-34～图2-45所示。

图2-34　景墙意向图1

图2-35　景墙意向图2

图2-36 景墙的画法1 文健

这套景墙的手绘表现图透视和比例较和谐，细节刻画生动，通过不同色块的灵活处理，表现出了较强的层次感和节奏感。

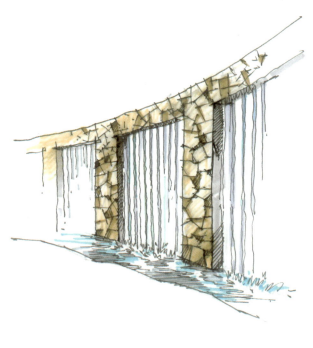

图2-37 景墙的画法2 文健

这套景墙的手绘表现图构图严谨而稳重，画面的主次、虚实关系处理较好，质感表现到位，画面整体效果轻松、自然。

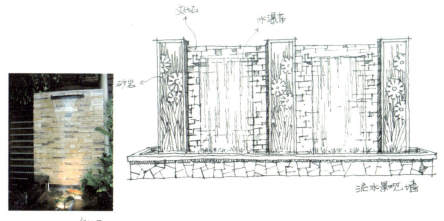

这套景墙的手绘表现图构图稳定、庄重,画面的虚实关系和质感表达处理较好,色彩协调,整体效果简约、大气。

图2-38 景墙的画法3 文健

图2-39 景墙的画法4 文健

图2-40 景墙的画法5 徐方金

图2-41 景墙的画法6 徐方金

这套景墙的手绘表现图构图饱满，用笔轻松、洒脱，用线流畅、婉转，画面效果生动、极富表现力。

图2-42 景墙的画法7 严健

　　这幅景墙的手绘表现图构图完整，用笔工整、细腻，色彩整体、协调，细节刻画细致，展现了作者扎实的造型基本功和完美的空间处理技巧。

图2-43 景墙的画法8 严健

　　这幅景观手绘表现图构图饱满，用笔精细，色彩搭配合理，空间层次丰富，画面效果极富张力，装饰感较强。

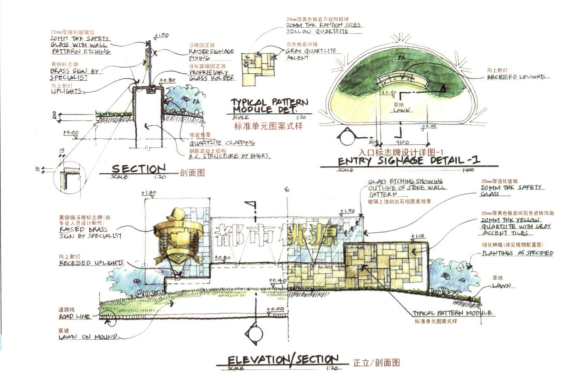

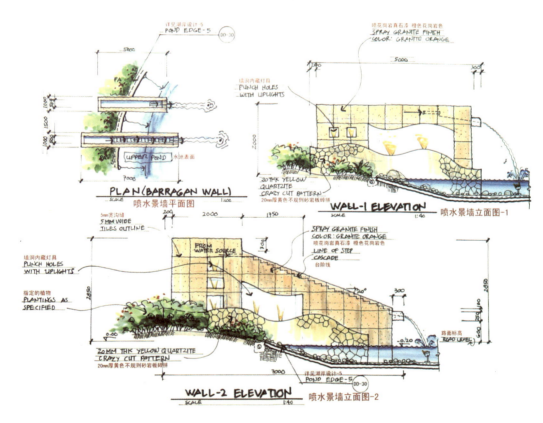

图2-44　景墙的画法9　贝尔高林公司作品

图2-45　景墙的画法10　贝尔高林公司作品

7. 栏杆的线描与着色表现

栏杆在园林中的主要作用是凭靠和分隔空间。栏杆造型丰富，形态各异，主要采用木、石、铸铁等材料，可分为低栏、中栏和高栏。低栏高0.2～0.3米，主要作用是象征性地分隔园林空间，如将园林道路与草坪分开；中栏高0.8～1米，主要作用是分隔开安全区域和危险区域，如水池与岸台；高栏高1.1～1.3米，主要作用是划分独立的空间，如庭院的围栏。

栏杆的线描与着色表现如图2-46～图2-51所示。

图2-46　栏杆意向图1

图2-47　栏杆意向图2

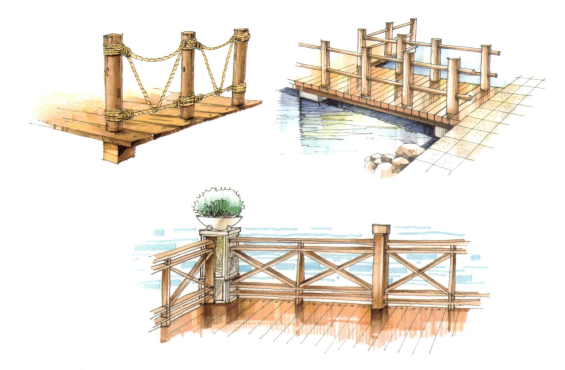

图2-48　栏杆的画法1　文健

图2-49　栏杆的画法2　黄锡驹、严健

　　这两幅栏杆的手绘表现图用笔严谨细致，造型准确、色彩写实，较好地表现出了栏杆的结构特点。

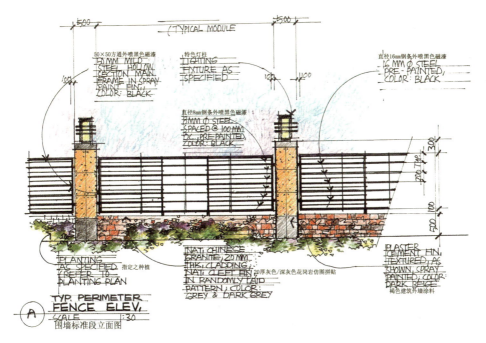

图2-50 栏杆的画法3 贝尔高林公司作品

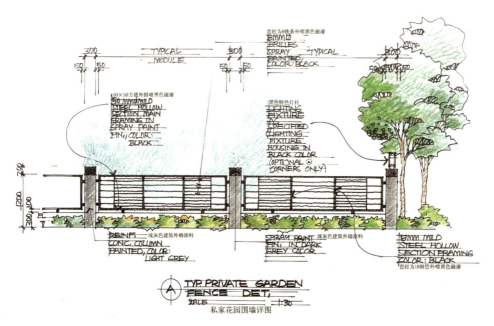

图2-51 栏杆的画法4 贝尔高林公司作品

8. 园桥的线描与着色表现

园桥的主要作用是联系水陆交通，使因水而隔断的陆路交通能够顺畅。园桥由桥面、桥身和栏杆三部分组成，其形式多样，千姿百态。园桥的形式主要有拱桥、平桥和汀步桥等。拱桥是桥身突起呈半圆弧形的桥，其起伏的曲线表现出特有的节奏韵律美感，可以美化空间视觉效果；平桥通过桥面的连续转则，也可以丰富空间层次；汀步桥则可以使整个园林景观空间形成点的节奏美感。

园桥的线描与着色表现如图2-52～图2-60所示。

园林景观手绘效果图快速表现技法

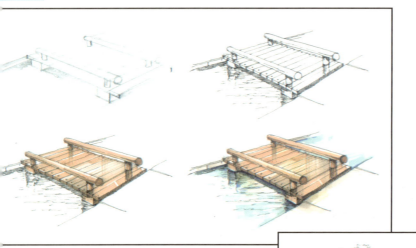

图2-52　图2-53
图2-54
　　　　图2-55

图2-52　园桥意向图1
图2-53　园桥意向图2
图2-54　园桥的画法1　文健
图2-55　园桥的画法2　文健

这套园桥的手绘表现图画法步骤清晰，线条生动、自然，色彩的冷暖对比丰富了画面效果，也增强了画面的空间感和层次感。

34

图2-56　园桥的画法3　文健

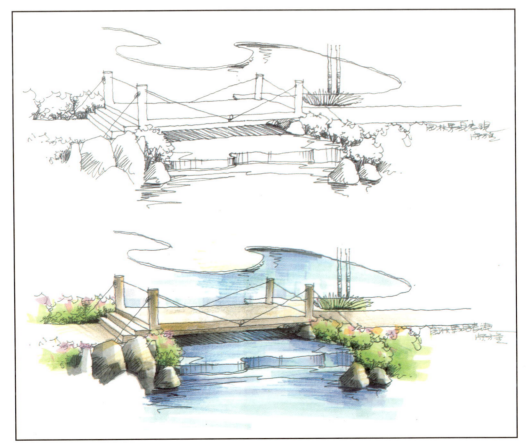

图2-57　园桥的画法4　徐方金

这套园桥的手绘表现图画法精致、细腻，线条流畅、简洁，色彩协调、自然，画面效果清新、明快。

图2-58　园桥的画法5　文健

图2-59　园桥的画法6　贝尔高林公司作品

图2-60　园桥的画法7　贝尔高林公司作品

二、园林水景的线描与着色表现

园林水景设计是园林景观环境设计的主要内容之一。不论哪一种类型的园林景观，水景都是最富有生气的构成元素，无水不活，喜水是人类的天性。园林水景设计也是园林景观环境设计的重点和难点。

园林水景分为静态水景和动态水景。自然式景观以表现静态的水景为主，通过平静如镜的水面，配合水中的倒影、植物，营造出寂静深远的境界。静态水景包括

图2-61　游泳池意向图

规则式静态水景（如游泳池）和不规则式静态水景（如湖泊、溪流）。动态水景一般是指人工景观中的喷泉、瀑布和跌水等。动态水景利用水位的高差，让水体自然循环流动，产生溢水、跌水、涓流等动态流水景观，使水景效果更加灵动、活泼。

园林水景设计主要有掩、隔、破3种手法。掩就是以建筑和绿化，将水景加以掩映，形成空间的进深感。隔是利用桥或涉水步石将水景分隔开来，形成大小不等的小水景的手法。隔可以防止一个大水景较孤立和单调的感觉，丰富视觉效果。破是利用岸边的乱石和水中的蔓生植物打破水景规则、呆板形象的手法，给人以自然、野趣的味道。

园林水景的线描与着色表现如图2-61～图2-75所示。

图2-62　静态水景意向图

图2-63　动态水景意向图1

图2-64　动态水景意向图2

图2-65　动态水景意向图3

图2-66　动态水景意向图4

第二章　园林景观配景手绘表现

图2-67 园林水景的画法1 文健

这幅园林水景手绘表现图刻画细腻，线条流畅、生动，光影表现非常丰富，通过对水面倒影的精致描绘，较好地体现出了景观的层次感。

图2-68 园林水景的画法2 闫杰

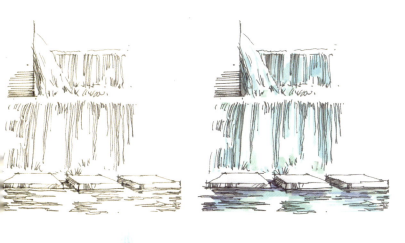

这幅园林水景手绘表现图用笔轻松、自然，线条富有表现力，显得生动、优美，色彩处理简约、大气，整体画面效果清新、明快。

图2-69　园林水景的画法3　文健

图2-70　园林水景的画法4　文健

第二章　园林景观配景手绘表现

图2-71　园林水景的画法5　徐方金、余迪

图2-72　园林水景的画法6　徐方金

这幅园林水景手绘表现图用笔细腻，透视准确，景观层次丰富，错落有致，较好地表现出了跌水景观的效果和空间的进深感。

图2-73 园林水景的画法7 严健、黄锡驹

这组园林水景手绘表现图通过水面的倒影刻画和色彩的虚实处理，将水景的效果生动地展现了出来。

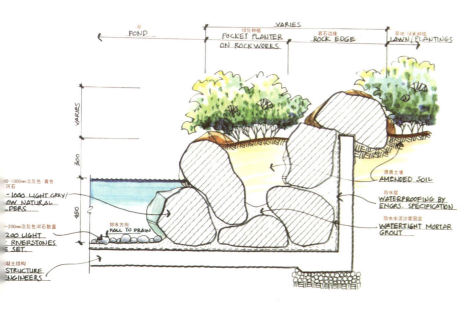

图2-74 园林水景的画法8 贝尔高林公司作品

第二章 园林景观配景手绘表现

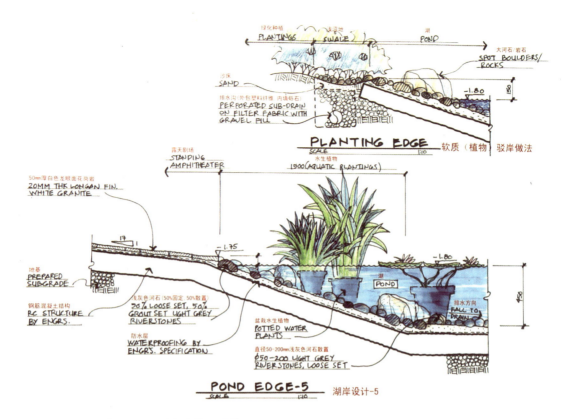

图2-75 园林水景的画法9 贝尔高林公司作品

三、园林道路的线描与着色表现

园林道路是园林景观的骨架和网络，它的主要作用是联系不同的分区和景点，组织交通，引导游览。园林道路一般分为以下几种：

（1）主要道路。贯通整个园林景观，主要供生产车、救护车、消防车、游览车等通行，路宽7～8米。

（2）次要道路。沟通景区内各景点、建筑，供轻型车辆及人力车通行，宽3～4米。

（3）林荫道、滨江道和各种广场。

（4）休闲小径、健康步道。双人行走的1.2～1.5米；单人的0.6～1.0米。

园林道路的设计应与地形、水体、植物、建筑物及其他设施结合，形成完整的风景构图，应注意主次分明、疏密有致、曲折有序，把园林道路作为景观的一部分来创造。园林道路的铺装多用石材，样式较丰富，可以创造出许多拼花图案。

园林道路的线描与着色表现如图2-76～图2-81所示。

图2-76　园林道路意向图1

图2-77　园林道路意向图2

这组园林道路手绘表现图笔法简练，取舍有度，层次感和立体感较强，通过线条的叠加来强化物体表面的质感和空间的明暗关系。

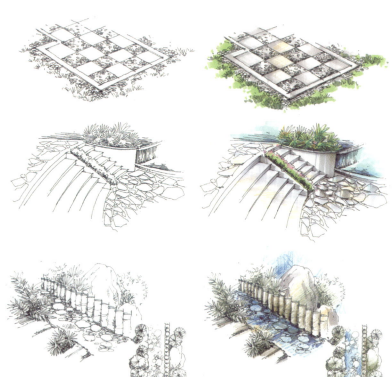

图2-78　园林道路的画法1　文健、徐方金

第二章　园林景观配景手绘表现

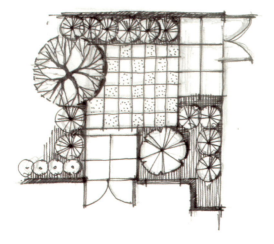
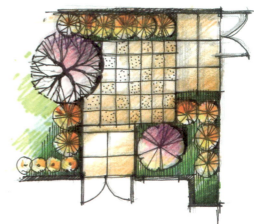

图2-79 园林道路的画法2 文健

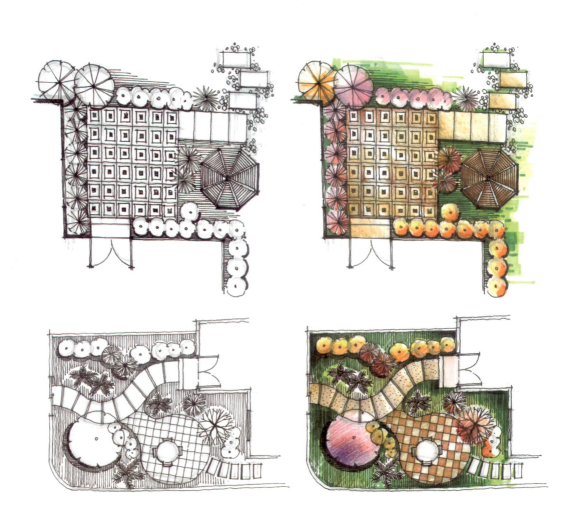

图2-80 园林道路的画法3 文健

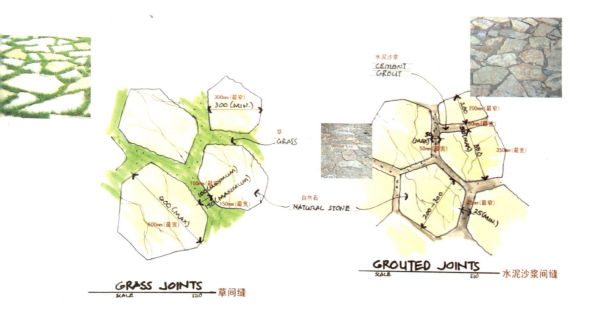

图2-81　园林道路的画法4　贝尔高林公司作品

四、园林植物的线描与着色表现

园林植物是园林树木及花卉的总称。按照通常园林应用的分类方法，园林树木一般分为乔木、灌木和藤本三类。花卉给人普遍的印象是草本花卉类，花卉的广义是指有观赏价值的草本植物、草本或木本的地被植物、花灌木、开花乔木及盆景等。

园林植物配置应遵循美学原理，重视园林的景观功能。在遵循生态的基础上，根据美学要求进行融合创造。不仅要讲求园林植物的现时景观，更要重视园林植物的季相变化及生长的景观效果，从而达到移步换景，时移景异，创造"胜于自然"的优美景观。

总的来说园林植物配置时：一讲姿美，树冠的形态，树枝的疏密曲直，树皮的质感，都追求自然美；二讲色美，红色的枫叶，青翠的竹叶，斑驳的狼榆，白色的广玉兰，紫色的紫薇等，力求一年四季，园中自然之色，不衰不减；三讲味香，要求植物淡雅清幽，不可过浓，有娇柔之嫌，也不可过淡，有意犹难尽之妨；四讲境界，花木对园林山石景观的衬托作用，往往和园主的精神境界有关。

园林植物配置，应注意以下几点。

（1）重视植物多样性。

自然界植物千奇百态，丰富多彩，本身具有很好的观赏价值。在选择植物时要讲究植物的姿态，树冠的形态，树枝的疏密曲直，树皮的质感，要追求自然的美感，减少人工雕琢的痕迹。

（2）布局合理，疏朗有致，单群结合。

自然界植物并不都是群生的，也有孤生的。园林植物配置就有孤植、列植、片植、群植、混植多种方式。这样不仅欣赏孤植树的风姿，也可欣赏到群植树的华美。

（3）注意园林植物色彩的合理搭配。

园林植物的配置应根据地形地貌配植不同色彩的植物，而且相互之间不能造成视觉上的抵触，如用青翠的绿色植物衬托红色的花卉，就是一种较理想的组合。

（4）注意园林植物自身的文化性与周围环境相融合。

园林植物的配置往往能体现出某种人文精神。如竹子象征人品清逸，松柏象征坚强和长寿，莲花象征洁净无暇，兰花象征幽居隐士，石榴象征多子多孙，紫薇象征高官厚禄等。

园林植物的线描与着色表现如图2-82～图2-118所示。

图2-82　园林植物意向图1

图2-83 园林植物意向图2

图2-84 园林植物意向图3

图2-85　园林植物意向图4

图2-86　园林植物意向图5

图2-87 园林植物意向图6

图2-88 园林植物意向图7

图2-89　园林植物意向图8

图2-90　园林植物意向图9

棕榈科，丛生型常绿小乔木，株高4~7米，径绿色，间以灰白色环纹，顶上有一短鞘形成的茎冠；叶轴绿色，紧包着茎干，其上有散生、紫红色鳞粃；果实橄榄形，熟时橙色或褚红色；性喜温暖、湿润和背风、半荫蔽的环境，不耐寒。

三药槟榔

图2-91　园林植物意向图10

图2-92　园林植物意向图11

棕榈科鱼尾葵属，又名单生鱼尾葵；常绿乔木，茎干单生，有环状叶痕；叶大型，羽状二回羽状全裂，酷似鱼尾；性喜温暖湿润的环境，较耐寒，不耐干旱，茎干忌曝晒；生长势强，根系发达。

长穗鱼尾葵

图2-93　园林植物意向图12

图2-94　园林植物意向图13

图2-95 园林植物意向图14

图2-96 园林植物意向图15

第二章 园林景观配景手绘表现

图2-97　园林植物意向图16

图2-98　园林植物意向图17

图2-99　园林植物意向图18

图2-100　园林植物意向图19

图2-101　园林植物意向图20

图2-102　园林植物意向图21

图2-103　园林植物意向图22

图2-104　园林植物意向图23

第二章　园林景观配景手绘表现

59

图2-105　园林植物意向图24

图2-106　园林植物意向图25

鸢尾

鸢尾科鸢尾属,又名乌鸢、扁竹花;多年生宿根性直立草本;根状茎匍匐多节;叶为渐尖状剑形,淡绿色,呈二纵列交互排列,基部互相包叠;春至初夏开花,花蝶形,花冠蓝紫色或紫白色;外列花被有深紫斑点,中央面有一行鸡冠状白色带紫纹突起;花期4~6月;花出叶丛,有蓝、紫、黄、白、淡红等色;耐寒性较强,性喜阳光充足,气候凉爽,耐寒力强,亦耐半荫环境。

图2-107　园林植物意向图26

图2-108　园林植物的画法1　文健

第二章　园林景观配景手绘表现

61

图2-109　园林植物的画法2　文健

　　这组园林植物手绘表现图用笔潇洒、帅气，黑白层次分明，画面中的线条在排列组合上采用粗细、曲直、疏密、刚柔相结合的方式，将植物的形态生动而传神地表达了出来。

图2-110　园林植物的画法3　文健

图2-111　园林植物的画法4　文健

这组园林植物手绘表现图用笔流畅、概括，带有设计草图所特有的轻松、自然的感觉，画面中的线条看似随意，其实隐含着对色调和形体结构的交代。

图2-112　园林植物的画法5　文健

第二章　园林景观配景手绘表现

图2-113　园林植物的画法6　文健、徐方金

图2-114　园林植物的画法7　文健、余迪

图2-115　园林植物的画法8　胡华中

　　这组园林植物手绘表现图用笔洒脱、自然，将线条表现的多样性和统一性较好地结合了起来。色彩作为造型的辅助手段，与线条有机地组合在了一起。

园林景观手绘效果图快速表现技法

图2-116　园林植物的画法9　胡华中

图2-117　园林植物的画法10　庞立峰

这幅园林植物手绘表现图构图平稳，透视准确，空间感强，线条表现细腻，植物造景丰富，画面效果清新、典雅，体现出了较强的视觉美感。

图2-118　园林植物的画法11　庞立峰

五、其他园林配景的线描与着色表现

其他园林配景的线描与着色表现如图2-119～图2-125所示。

喷水雕塑示意图

图2-119　园林配景意向图1

图2-120　园林配景意向图2

图2-121　园林配景意向图3

图2-122　园林配景意向图4

图2-123　园林配景意向图5

图2-124　园林配景意向图6

第二章　园林景观配景手绘表现

69

图2-125　园林配景意向图7

图2-126　园林配景意向图8

这组花坛手绘表现图用笔轻松、灵活，形体造型准确，黑白层次分明，画面中的线条在排列组合上采用粗细、曲直、疏密、刚柔相结合的方式，将植物的形态生动而传神地表达了出来。

图2-127　园林配景的画法1　文健

图2-128　园林配景的画法2　文健

图2-129　园林配景的画法3　徐方金

这组园林配景手绘表现图用笔刚劲、有力，用色整体、协调，明暗光影层次分明，细节刻画精致，画面效果简洁、明快。

图2-130　园林配景的画法4　文健

第二章　园林景观配景手绘表现

图2-131　园林配景的画法5　文健

图2-132　园林配景的画法6　文健

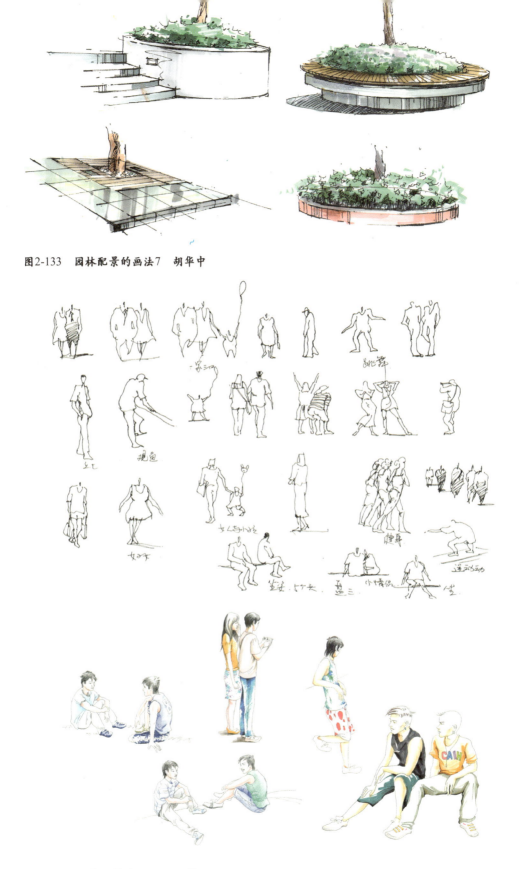

图2-133　园林配景的画法7　胡华中

图2-134　园林配景的画法8　文健

第二章　园林景观配景手绘表现

图2-135 园林配景的画法9 严健

图2-136 园林配景的画法10 广阔

这组人物手绘表现图比例准确,形态各异,用笔简洁、明快,概括力强,较好地表现出了人物的形体特征,使整个场景更加真实。

思考题

1．园林建筑包括哪些内容？
2．绘制5幅园亭手绘表现图。
3．绘制5幅花架手绘表现图。
4．绘制10幅园椅手绘表现图。
5．绘制3幅园林水景手绘表现图。
6．绘制10幅园林植物手绘表现图。

第二节　园林景观场景表现

园林场景设计就是在一定的景观区域范围内，运用线条、形体、色彩、肌理等艺术造型手法和园林工程技术手段，通过改造地形、种植植物、营造建筑和布置园路等途径创造出具有美学欣赏价值和日常实用功能的园林景观的设计形式。

园林场景设计要利用构图、造型、色彩及气氛渲染等艺术手段对空间环境进行美化和装饰，创造出在视觉上给人留下深刻印象和美的享受的园林景观场所。构图就是运用艺术手段对画面进行安排和布局，把各种造型元素组成一个整体，创造出最佳画面效果的艺术表现形式。构图是对画面整体艺术效果的前期把握和设计，构图的优劣直接影响到最终的设计效果和意境表达。园林场景构图应注意以下几个问题。

1．构图的幅式选择

园林场景的构图主要有两种幅式，即横幅和竖幅。横幅的构图可以表现出舒展、宽阔的视觉效果；竖幅的构图可以表现出高耸、深远的视觉效果。

2．景观层次的营造

园林场景的构图要营造出丰富的景观层次，加大空间进深，制造出前景与背景之间的相互衬托关系。

3．注意把握景观的主次、虚实关系

强化主要景观的设计与刻画，去除或弱化跟主景相冲突的次要景观。

4．注意构图的均衡与对称

均衡与对称是构图的基础，主要作用是使画面具有稳定性。稳定性是人类在长期观察自然中形成的一种视觉习惯和审美观念，是一种合乎逻辑的比例关系。对称的稳定感较强，能使画面给人以庄严、肃穆、和谐的感觉；均衡的形式比对称灵活，可以防止画面视觉效果过于呆板。

5. 注意视觉中心的营造

视觉中心又称"趣味中心"，是园林景观场景中最精彩的部分，观者的视觉首先被它吸引。视觉中心可以通过丰富的造型、别致的材质和突出的色彩等来营造。

园林场景的造型包含园林建筑造型、园林水景造型、园林小品造型和园林植物造型等方面的内容，在设计组合这些造型时要综合考虑各造型之间的对比和协调关系，做到有方有圆、有直有曲、有大有小、有疏有密、有高有低、有呼应、有错落。园林场景的色彩应该本着"大协调、小对比"的原则，以绿色和蓝色作为主调，同时辅以少量鲜艳的暖色，如红色和紫红色的花卉，纯色一点的雕塑等。园林场景气氛的营造可以通过照明和植物自身的精神内涵来实现。照明可以烘托出园林夜景的美感，植物自身的精神内涵包括松、竹、梅象征人品高尚、正直，如龙眼、芒果、石榴象征多子多孙，桂花象征富贵等。

园林场景设计如图2-137～图2-150所示。

图2-137　园林场景设计表现1　严健

这幅园林场景手绘表现图构图完整，透视准确，空间关系交代清晰，画面的焦点集中在中心的水景处，将设计的主题——自然、休闲，较好地传达了出来，也使整个园林场景充满自然、纯朴的气息。

图2-138　园林场景设计表现2　严健

　　这幅园林场景手绘表现图采用曲线构图，使整个空间富有动感，在中心水景的处理上，较好地利用了水面的反射效果，集中表现了水中的倒影和反射天空的蓝色，烘托出自然、休闲的氛围。

图2-139　园林场景设计表现3　严健

图2-140　园林场景设计表现4　严健

　　这幅园林场景手绘表现图构图饱满，透视严谨，主次分明，空间景观富有层次感，画面中的植物表现生动而活泼，用色协调、统一。

图2-141　园林场景设计表现5　庞立峰

　　这幅园林场景手绘表现图构图错落有致，空间感和景观层次感丰富，画面中还融入了中国南方岭南建筑的一些建筑元素，体现了一定的民族特色。

图2-142　园林场景设计表现6　园林景观设计公司作品

这幅园林场景手绘表现图构图饱满，近景、中景和远景三个景观层次的处理较完整，空间感强。画面中的动静处理是这幅图的另一个亮点，植物静止，动物展翅欲飞，动静相宜。

图2-143　园林场景设计表现7　园林景观设计公司作品

这幅园林场景手绘表现图构图工整，左右对称，形成了较好的视觉平衡，画面中植物的色彩表现较丰富，红色和绿色的互补色搭配，使画面效果显得生动而活泼。

图2-144　园林场景设计表现8
园林景观设计公司作品

这幅园林场景手绘表现图构图饱满，利用近景的植物穿插拉伸了空间，使画面的空间层次感得到了加强。此外，这幅作品还借鉴了一些中国传统水墨画的技法，使画面看上去极具节奏感和韵律美感。

图2-145　园林场景
　　　　　设计表现9　沙沛

图2-146　园林场景
　　　　　设计表现10　沙沛

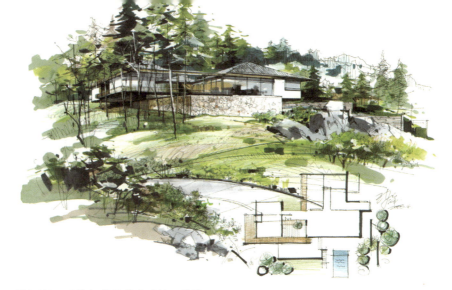

图2-147　园林场景设计表现11　沙沛

图2-148　园林场景设计表现12　张勇

这幅园林场景手绘表现图构图完整，透视严谨，表现手法精致、细腻，真实、客观地再现了空间景观效果，也体现出了作者高超的写实技巧和绘画功底。

图2-149　园林场景设计表现13　严健

第二章　园林景观配景手绘表现

图2-150　园林场景设计表现14　严健

图2-151　园林场景设计表现15　夏克梁

  这幅园林场景手绘表现图构图严谨，透视精准，空间层次分明，画法写实，用色协调、统一，画面整体效果耐人寻味，看点较多。

	图2-152	
图2-153		图2-154

图2-152　园林场景设计表现16　园林景观公司设计作品
图2-153　园林场景设计表现17　沙沛
图2-154　园林场景设计表现18　黄锡驹

　　这幅园林场景手绘表现图构图集中，主次分明，空间景观层次表现虚实有度、疏密得当，视觉中心的景观刻画细致，形成了画面的主景。

第二章　园林景观配景手绘表现

83

图2-155　园林场景设计表现19　黄锡驹

图2-156　园林场景设计表现20　胡华中

　　这幅园林场景手绘表现图构图稳定，细节刻画精致，光影表现丰富，空间层次感强，色彩处理较好，形成了节奏和韵律的美感。

图2-157　园林场景设计表现21　胡华中

　　这幅园林场景手绘表现图构图庄重、大气，空间关系交代清晰，细节光影表现丰富，质感和光感处理较好，画面效果生动而富有张力。

图2-158　园林场景设计表现22　胡华中

图2-159　园林场景设计表现23　胡华中

　　这幅园林场景手绘表现图构图错落有致，层次分明，画面中的色彩和光影表现丰富，细节处理到位，空间立体感和进深感较强。

第二章　园林景观配景手绘表现

图2-160　园林场景设计表现24　胡华中

图2-161　园林场景设计表现25　胡华中

  这组园林场景手绘表现图集中了平面图、透视图和园林小品图的表现，全方位地展示了场景设计的全貌和整个流程，表现手法简单、实用，视觉效果直观、明了。

图2-162　园林场景设计表现26　胡华中

图2-163　园林场景设计表现27　闫杰

第二章　园林景观配景手绘表现

这幅园林场景手绘表现图构图饱满，透视严谨，用非常细腻的笔触和色彩精细地描绘了园林场景的空间关系和细节光影，画面效果逼真而传神。

图2-164　园林场景设计表现28　闫杰

这幅园林场景手绘表现图构图错落有致，极富节奏感和韵律感，色彩以冷色调为主调，显得简约、平和，画面细节刻画精致，整体感强。

思考题

1．园林场景构图应注意哪几个问题？
2．绘制10幅园林场景手绘表现图。

第三章 住宅庭院设计

住宅庭院是指住宅建筑的外围院落,是居住者陶冶性情、休闲娱乐的场所。住宅庭院设计就是对住宅庭院进行合理地规划和布局,使之在功能上更加完善,在视觉效果上更加美观。

第一节 住宅庭院的风格

住宅庭院主要有中式庭院、日式庭院和欧式庭院三种风格。中式庭院和日式庭院隶属于东方庭院,讲究意境,使人与自然亲密接触,高度和谐;欧式庭院属于西方庭院,讲究规则性的布局,强调对称、均衡原则,表现出整齐、秩序、统一大方的效果。各民族在历史的演进中积累了许多优秀的庭院设计经验,这为庭院设计的发展奠定了坚实的基础。

1. 中式庭院风格

中式庭院风格荟萃了中国的文学、哲学、美学、绘画、戏剧、书法、雕刻、建筑等门类,形成了浓郁而又精致的艺术形式,成为中国文化一个重要的组成部分,如图3-1和图3-2所示。

图3-1 写意的中式庭院　　　　　　　　　　　　　　　　图3-2 中式园林

图3-3 现代中式风格建筑

中式庭院以其独特的艺术风格和意趣，丰富的历史文化内涵和精神追求，在世界园林庭院史上独树一帜。中式庭院景观是主观化了的艺术品，它的创作如同中国的诗文和写意画，讲究韵味，妙在情趣，极重意境。中国从秦汉时期开始就改变了单纯利用天然山水造园的方式，而采用构石为山的人工造园手法。到唐代和宋代，出现了自然山水写意园，这个时期，写意式的假山真水成为造园的主要方式，其构思巧妙，追求诗画意境，将自然界的真山真水浓缩于小庭园中。现代中式庭院的设计吸收了传统的精华，其设计的主要内容包括对山水、植物、建筑等物质性建构的处理，框景、障景、虚实、疏密等艺术技巧的应用，曲折、平直、繁杂、单纯、规则、自由等造型法则的选择，高雅、通俗、入世、出世、崇高、神圣、富有、清贫等意境的营造等，如图3-3所示。

中式庭院有三个支流，即北方的四合院庭院、江南私家园林和岭南园林。四合院是中国北方民用住宅中的一种组合建筑形式，是一种四四方方的住宅院落，又称四合房，是中国的一种传统合院式建筑。其格局为一个院子四面建有房屋，通常由正房、东西厢房和倒座房组成，从四面将庭院合围在中间，这样的布局既有利于采光，又可以避免北方冬季的寒风。四合院建筑的规划布局以南北纵轴对称布置和封闭独立的院落为基本特征，形成以家庭院落为中心、街坊邻里为干线、社区地域为平面的社会网络系统，同时也形成了一个符合人的心理、保持传统文化和邻里融洽关系的居住环境。四合院是中国古人伦理、道德观念的集合体，艺术、美学思想的凝固物，是中华文化的立体结晶。

北京的四合院是四合院建筑中最具代表性的样式，其格局包括大门、影壁、大院、正房（坐北朝南）、后罩房、东西两侧的厢房、耳房等。北京四合院的典型特征是外观规矩，中线对称，整体方正、平稳，给人以庄重、大气的感觉，如图3-4~图3-6所示。

图3-4	图3-5
图3-6	

图3-4　四合院建筑模型
图3-5　北方四合院建筑的代表——山西乔家大院
图3-6　皇家四合院建筑——紫禁城

第三章　住宅庭院设计

中国传统的庭院规划深受传统哲学和绘画的影响，自古就有"绘画乃造园之母"的说法，其中最具参考性的是明清两代的江南私家园林。江南私家园林重视寓情于景，情景交融，寓意于物，以物比德，人们把作为审美对象的自然景物看做是品德美、精神美和人格美的一种象征。江南私家园林多数受到文人士大夫阶层审美的影响，注重文化积淀，讲究气质与韵味，重视诗画情趣和意境创造，倾向于表现含蓄、优雅、清新的格调，强调点、面的精巧，追求清幽、平淡、质朴、自然的园林景观效果。

天伦随园是江南私家庭院的代表作，其整体造园手法师法自然，在有限的空间范围内利用自然条件，模拟大自然中的美景，把建筑、山水、植物有机地融合为一体，使自然美与人工美统一起来，创造出与自然环境协调共生、天人合一的艺术综合体，并用中式庭

图3-7 天伦随园1

图3-8 天伦随园2

院最具代表性的植物梅、兰、菊、竹作为庭院的设计主题,以此隐喻主人的虚心、有节、凌云壮志和不畏霜寒的君子风范。天伦随园还常用"小中见大"的手法,造园时多采用障景、借景、仰视、延长和增加园路起伏等手法,利用大小、高低、曲直、虚实等对比达到扩大空间感的目的,产生小中见大的效果,如图3-7和图3-8所示。

中国东部江苏省的苏州是中国著名的历史文化名城,这里素来以山水秀丽,园林典雅而闻名天下,有"江南园林甲天下,苏州园林甲江南"的美称。苏州园林讲究在有限的空间范围内,利用独特的造园艺术,将湖光山色与亭台楼阁融为一体,把生机盎然的自然美和创造性的艺术美融为一体,令人不出城市便可感受到山林的自然之美。此外,苏州园林还有着极为丰富的文化底蕴,它所反映出的造园艺术、建筑特色及文人骚客们留下的诗画墨迹,无不折射出中国传统文化的精髓和内涵。

苏州古典园林宅园合一,可赏,可游,可居,体现出了在人口密集和缺乏自然风光的城市中,人类依恋自然,追求与自然和谐相处,美化和完善自身居住环境的一种心理诉求。拙政园、留园、网师园、环秀山庄这四座古典园林,建筑类型齐全,保存完整,系统而全面地展示了苏州古典园林建筑的布局、结构、造型、风格、色彩,以及装修、家具、陈设等各方面的内容,是明清时期(14世纪至20世纪初)江南民间建筑与私家园林的代表作品,反映了这一时期中国江南地区高超的造园水平。

苏州古典园林的历史可上溯至公元前6世纪春秋时吴王的园囿,私家园林最早有记载的是东晋(4世纪)的辟疆园。江南历代造园兴盛,名园众多。明清时期,苏州成为中国最繁华的地区之一,私家园林遍布古城内外。16世纪至18世纪全盛时期,苏州有园林200余处,现在保存尚好的有数十处,并因此使苏州获得"人间天堂"的美誉。

苏州古典园林历史绵延2000余年,在世界造园史上有其独特的历史地位和价值,它以写意山水的高超艺术手法,蕴含浓厚的传统思想文化内涵,展现东方特色的造园艺术,是中华民族的艺术瑰宝。在1997年12月,联合国教科文组织遗产委员会将苏州古典园林列入世界文化遗产名录。与"苏州园林"并驾齐名的苏州风景名胜虎丘、天平山、石湖等风景区也是古往今来海内外游客向往的游览胜地。苏州古典园林如图3-9~图3-11所示。

图3-9　苏州古典园林1

图3-10　苏州古典园林2

第三章　住宅庭院设计

图3-11 苏州古典园林3

图3-12 沧浪亭

沧浪亭位于苏州城南，是苏州最古老的一所园林，始建于北宋庆历年间（公元1041—1048年），为宋代文人苏舜钦修筑，园名取自上古歌谣"沧浪之水清兮，可以濯吾缨。沧浪之水浊兮，可以濯吾足"，南宋初年（公元12世纪初）曾为名将韩世忠的住宅。

沧浪亭造园艺术与众不同，未进园门便设一池绿水绕于园外。园内以山石为主景，迎面一座土山，沧浪石亭便坐落其上。山下凿有水池，山水之间以一条曲折的复廊相连。假山东南部的明道堂是园林的主建筑，此外还有五百名贤祠、看山楼、翠玲珑馆、仰止亭和御碑亭等建筑与之衬映。沧浪亭古树参天，绿竹摇风，清流潺潺，幽径曲折，处处显露出儒雅的气质，如图3-12所示。

狮子林位于苏州城东北，始建于元至正二年（公元1342年），由元代著名画家倪云林应高僧维则法师邀请设计构筑而成，因园内石峰林立，多状似狮子，故名"狮子林"。狮子林平面呈长方形，面积约15亩，园中的湖石假山众多，但高低错落，变化多姿，如群狮乱舞极具山林野趣。林中建筑分布错落有致，主要建筑有燕誉堂、见山楼、飞瀑亭、问梅阁等。狮子林主题明确，景深丰富，个性分明，假山洞壑匠心独具，一草一木别有风韵，如图3-13和图3-14所示。

图3-13　狮子林1

图3-14　狮子林2

留园坐落在苏州市阊门外，始建于明代。清代时称"寒碧山庄"，俗称"刘园"，后改为"留园"，以园内建筑布置精巧、奇石众多而知名。留园占地约50亩，集住宅、祠堂、家庵、园林于一身，该园综合了江南造园艺术，并以建筑结构见长，善于运用大小、曲直、明暗、高低、收放等手法，吸取四周景色，形成层次丰富、错落相连的空间体系。

主要建筑有涵碧山房、明瑟楼、远翠阁曲溪楼、清风池馆等处。留园内建筑的数量在苏州诸园中居冠，其在空间上的突出处理，充分体现了古代造园家的高超技艺和卓越智慧。

留园全园分为四个部分，使人在一个园林中能领略到山水、田园、山林、庭园4种不同景色。中部以水景见长，是全园的精华所在。东部以曲院回廊的建筑取胜，有著名的佳晴雨快鱼之厅、林泉耆硕之馆、还我读书处、冠云台、冠云楼等十数处斋、轩，院内池后立有三座石峰，居中者为名石冠云峰，两旁为瑞云、岫云两峰。北部具农村风光，并有新辟盆景园，广置木石，茂林修竹，清风回荡。西区则是全园最高处，有野趣，以假山为奇，土石相间，堆砌自然。池南涵碧山房与明瑟楼为留园的主要观景建筑，如图3-15和图3-16所示。

图3-15　留园1

图3-16　留园2

拙政园位于苏州娄门内，是苏州最大的一处园林，也是苏州园林的代表作，明正德年间（公元1506年—1521年）修建，现存园貌多为清末时（公元20世纪初）所形成，占地面积达62亩。拙政园由明代弘治进士、明嘉靖年间御史王献臣仕途失意归隐苏州后将其买下，聘著名画家、吴门画派的代表人物文征明设计，历时16年建成。拙政即无意于政事，休闲颐养之意。

拙政园的布局主题以水为中心，池水面积约占总面积的1/5，各种亭台轩榭多临水而筑。主要建筑有远香堂、雪香云蔚亭、待霜亭、留听阁、十八曼陀罗花馆、三十六鸳鸯馆等。拙政园建筑布局疏落相宜、构思巧妙，风格清新秀雅、朴素自然，主要景观分布在东、中、西三个相对独立的小园中。中部是拙政园的主景区，为精华所在，面积约18.5亩。其总体布局以水池为中心，亭台楼榭皆临水而建，有的亭榭则直出水中，具有江南水乡的特色。池水面积约占全园面积的3/5。池广树茂，景色自然，临水布置了形体不一、高低错落的建筑，主次分明。总的格局仍保持明代园林浑厚、质朴、疏朗的艺术风格。以荷香喻人品的"远香堂"为中部拙政园主景区的主体建筑，位于水池南岸，隔池与东西两山岛相望，池水清澈广阔，遍植荷花，山岛上林荫匝地，水岸藤萝粉披，两山溪谷间架有小桥，山岛上各建一亭，西为"雪香云蔚亭"，东为"待霜亭"，四季景色因时而异。远香堂之西的"倚玉轩"与其西船舫形的"香洲"（"香洲"名取以香草喻性情高傲之意）遥遥相对，两者与其北面的"荷风四面亭"成三足鼎立之势，都可随势赏荷。倚玉轩之西有一曲水湾深入南部居宅，这里有三间水阁"小沧浪"，它以北面的廊桥"小飞虹"分隔空间，构成一个幽静的水院。

西部原为"补园"，面积约12.5亩，其水面迂回，布局紧凑，依山傍水建以亭阁。因被大加改建，所以乾隆后形成的工巧、造作的艺术风格占了上风，但水石部分同中部景区仍较接近，而起伏、曲折、凌波而过的水廊、溪涧则是苏州园林造园艺术的佳作。西部主要建筑为靠近住宅一侧的三十六鸳鸯馆，是当时园主人宴请宾客和听曲的场所，厅内陈设考究。晴天由室内透过蓝色玻璃窗观看室外景色犹如一片雪景。三十六鸳鸯馆的水池呈曲尺形，其特点为台馆分峙，装饰华丽精美。回廊起伏，水波倒影，别有情趣。西部另一主要建筑"与谁同坐轩"为扇亭，扇面两侧实墙上开着两个扇形空窗，一个对着倒影楼，另一个对着三十六鸳鸯馆，而后面的窗中又正好映入山上的笠亭，笠亭的顶盖恰好配成一个完整的扇子。"与谁同坐"取自苏东坡的词句"与谁同坐，明月、清风、我"。故一见匾额，就会想起苏东坡，并立刻感到这里可欣赏水中之月，可受清风之爽。西部其他建筑还有留听阁、宜两亭、倒影楼、水廊等。

东部原称"归田园居"，是因为明崇祯四年（公元1631年）园东部归侍郎王心一而得名。约31亩，因归园早已荒芜，全部为新建，布局以平冈远山、松林草坪、竹坞曲水为主。配以山池亭榭，仍保持疏朗明快的风格，主要建筑有兰雪堂、芙蓉榭、天泉亭、缀云峰等，均为移建，如图3-17和图3-18所示。

网师园位于苏州城东南部，始建于南宋时期（公元1127—1279年），当时称为"渔隐"。清代乾隆年间（公元1736—1796年）重建，取"渔隐"旧意，改名为"网师园"。网师园占地约半公顷，是苏州园林中最小的一座，但却是苏州园林中最具艺术特色和文化价值的代表作品。园内主要建筑有丛桂轩、濯缨水阁、看松读画轩、殿春簃等。

网师园布局精巧，结构紧凑，以建筑精巧和空间尺度比例协调而著称。园分三部分，境界各异。东部为住宅，中部为主园。网师园按石质分区使用，主园池区用黄石，其他庭用湖石，不相混杂。突出以水为中心，环池亭阁山水错落映衬，疏朗雅适，廊庑回环，移步换景，诗意天成。古树花卉也以古、奇、雅、色、香、姿见著，并与建筑、山池相映成

图3-17 拙政园1

趣,构成主园的闭合式水院。东、南、北方向的射鸭廊、濯缨水阁、月到风来亭及看松读画轩、竹外一枝轩,集中了春、夏、秋、冬四季景物及朝、午、夕、晚一日中的景色变化。绕池一周,可前细数游鱼,可亭中待月迎风,花影移墙,峰峦当窗,宛如天然图画。西部为内园(凤园),占地约1亩。北侧小轩三间,名"殿春簃(音:yí,楼阁旁边的小屋,多用做书斋的名称)",旧时以盛植芍药闻名。殿春簃旧为书斋,为明代古朴爽洁之建筑。轩北略置湖石,配以梅、竹、芭蕉成竹石小景。轩西侧套室原为著名画家张大千及其兄弟张善子的画室"大风堂"。张氏兄弟曾在园中饲养一虎,今堂南天井西墙嵌碎石一方,镌刻"先仲兄善子所豢虎儿之墓",为著名画家张大千先生书于台北,寄来立碑。庭院假山,采用周边假山布局,东墙峰洞假山围成弧形花台,松枫参差。南面曲折蜿蜒的花台,穿插

图3-18 拙政园2

峰石，借白粉墙的衬托而富情趣，与殿春簃互成对景。花台西南为天然泉水"涵碧泉"，洞容幽深，寒气逼人，与主园大池水脉贯通。北半亭"冷泉亭"因涵碧泉而得名，亭中置巨大的灵璧石，形似展翅欲飞的苍鹰，黝黑光润，叩之铮琮如金玉，是灵璧石中的珍品。在亭中"坐石可品茗，凭栏可观花"，令人赏心悦目，如图3-19和图3-20所示。

岭南园林包括以珠江下游广州为中心的广府文化，以韩江下游汕头为中心的潮汕文化和以韩江上游梅州为中心的客家文化。三个文化圈形成两种园林特色，即广府园林和潮汕园林。

图3-19　网师园1

图3-20　网师园2

岭南园林建筑兴起于明代，后历清朝、民国和新中国成立后的发展，逐渐形成自己的风格和特色，与苏州园林齐名。广州的园林建筑是岭南建筑的代表，现存佛山的梁园、东莞的可园、顺德的清晖园和番禺的馀荫园（馀荫山房）合称广东四大名园，是岭南园林建筑中的佼佼者。

岭南园林主要围绕山水和庭院展开设计，将广西的山和广东的湖浓缩其中，如桂林的七星岩、象鼻山、伏波山、叠彩山、独秀峰，广东的惠州西湖、潮州西湖、雷州西湖、肇庆星湖等。岭南园林内水木清华，景致清雅优美，利用碧水、绿树、吉墙、漏窗、石山、小桥、曲廊等与亭台楼阁交互融合，集建筑、园林、雕刻、诗书、灰雕等艺术于一身，突出了中式庭院雄、奇、险、幽、秀、旷的特点。近代的岭南园林受西洋外来风格的影响，结合本土的建筑特色，形成了独特的园林风貌，代表作品有汕头中山公园和龙岩中山公园。岭南园林如图3-21所示。

图3-21　顺德清晖园

2．日式庭院风格

日本庭院源自中国，受中国秦汉文化影响较深，至今中国古典园林的痕迹仍依稀可辨。在中国园林从模仿自然山水向文人山水过渡的过程中，日本园林则逐渐摆脱掉诗情画意和浪漫情趣，走向了枯、寂、佗的境界。从飞鸟、奈良、平安时代的池泉庭到镰仓室町时代的枯山水，再到桃山、江户时代的茶庭。日式庭院用质朴的素材、抽象的手法表达玄妙深邃的儒、释、道法理，用园林语言来解释"长者诸子，出三界之火宅，坐清凉之露地"的境界。

池泉庭是日式庭院的代表样式之一，其以池塘和流泉组合为主景观，追求幽静、儒雅的意境。另一种代表样式筑山庭则是偏重于地形上的变化，筑土为山，高低错落，其中坡度缓和的土丘称作野筋。筑山庭有真、行、草三种形式，真庭是对真山真水的全方位模仿，行庭是局部的模拟和少量的省略，草庭是大量的省略。

枯山水是日式庭院的精华，实质是以砂代水，以石代岛的做法。讲究用极少的构成要素达到极大的意韵效果，追求禅意的枯寂美。枯山水有两种寓意对象，一是山涧的激流或瀑布，日本称之为枯泷，另一种是海岸和岛屿。

茶庭也叫露地，是源自茶道文化的一种园林形式，至今茶庭的景观作用已大于实用功能。茶庭式园林一般是在进入茶室的一段空间里，按一定路线布置景观，以拙朴的步石象征崎岖的山间石径，以地上的矮松寓指茂盛的森林，以蹲踞式的洗手钵联想到清冽的山泉，以沧桑厚重的石灯笼来营造和、寂、清、幽的茶道氛围，有很强的禅宗意境。

日式园林如图3-22和图3-23所示。

图3-22 日式园林1

图3-23 日式园林2

3. 欧式庭院风格

欧式风格的特点是以中轴线为引导，采用整齐、规则、对称、均衡的几何布局形式。欧式庭院讲究以建筑的眼光和建筑的方式、方法来营造景观，把景观美学建立在理性的基础上，并受到欧洲传统的文学、绘画、建筑、雕塑等的影响。欧式庭院设计中的植物均被人工修剪成几何图形，沿道路两旁规则地种植，并配上整齐划一的绿廊、绿墙和开阔的草坪，在气势上显得庄重、典雅、大气磅礴，如图3-24和图3-25所示。

图3-24　欧式庭院1

图3-25　欧式庭院2

思考题

1. 中式庭院有哪些风格特征？
2. 留园有哪些造园特色？
3. 拙政园有哪些造园特色？
4. 日式茶庭有哪些造园特色？

第二节 住宅庭院设计与表现

住宅庭院设计是指对住宅庭院进行合理的规划和布局，使之在功能上更加完善和在视觉效果上更加美观的设计。住宅庭院设计是对住宅院落的美化和再创造，可以看做是住宅建筑形式的向外延续。优美的住宅庭院环境可以为户主提供休闲、社交、用餐、读书、日光浴、娱乐等多项用途，并可以优化室内环境，实现室内外景观的纵深联系。因此，在进行住宅庭院景观设计时，必须精心设计，合理规划，充分发挥其功能和作用。

住宅庭院的设计要点主要有以下几方面。

1. 布局

住宅庭院设计的布局形式主要有两种，即规则式和自然式。规则式布局讲究协调、秩序和韵律，常采用对称、重复和渐变等构成手法，使整体的空间布局呈现出整齐、统一、庄重大气的视觉效果，给人以宁静、稳定、秩序井然的感觉。自然式布局模仿自然景观的野趣，追求虽由人做，宛如天成的美学境界，在布局上较灵活、自由，常用曲线来柔化空间，使整体的空间布局呈现出活泼、流畅的美感。

2. 功能分区

住宅庭院设计要根据住宅庭院的面积大小和户主的功能需求进行合理的功能分区。对于面积较小的住宅庭院，其功能区域较少，主要满足户主休闲和观赏植物、花卉的功能需求。对于面积较大的住宅庭院，则应设置较丰富的功能区域，可将整个住宅庭院景观分为主景和辅景，主景一般只有一个，设置在住宅庭院的中心或核心区域，主景可以由休闲凉亭、鱼池、假山、景墙、小溪、花架等构成，是整个住宅庭院的视觉焦点和主要休闲场所。辅景可以设置几个，如前院的入户景观、连接主景的蜿蜒小路等。住宅庭院的功能分区要严格按照人体工程学的尺寸规范来进行布置，保证足够的空间进行户外活动，在尺寸较小的区域，应尽量减少功能区的设置，如图3-26所示。

3. 交通路线设计

交通路线是连接住宅庭院的骨架，设计时应注意三点，其一是保证住宅庭院整体交通的畅通，尽量减少交叉路线；其二是通过道路的蜿蜒、曲折变化，以及材质、拼图的选择，营造出活泼、灵动的美感；其三是保证道路畅通所需的尺寸，并注意道路交通的安全，如临水的道路要设置围栏、路面的材料应尽量选择粗糙些（防滑）等，如图3-27所示。

4. 营造出景观的主次虚实和层次感

　　住宅庭院设计中景观的主次虚实可以通过造型来实现，如主景的造型应尽量丰富、复杂一些，使造型更具视觉吸引力，辅景的造型则尽量简化；也可以通过材料和色彩来实现，如主景的配色和材质较丰富，辅景的配色和材质相对平淡。景观的层次感可以通过景物的高低错落、大小配置和远近虚实来实现。值得注意的是，住宅庭院设计中应明确空间的序列，可将整个庭院划分为起始空间、过渡空间、重点空间和收尾空间4个空间序列，使整个庭院空间错落有致、主次分明。

5. 合理配搭植物

　　住宅庭院中的植物配搭首先应根据空间的大小而定，庭院空间较大，植物配搭较丰富；庭院空间较小，植物配搭较简单。其次，植物的配搭要根据地理位置和气候条件而定，南方气候温和、湿润，植物物种较丰富；北方气候寒冷，植物物种较少。此外，应根据植物的花期，合理选择四季的植物，最好使庭院内一年四季都有花开和花香。最后，植物的配搭要体现出艺术美感，植物配搭时可以通过不同花色植物的混搭，展现出花团锦簇的效果，还可以通过植物之间的高低错落和大小变化表现出层次感。

6. 优化室内的视觉景观

　　住宅庭院设计要充分考虑从室内向外看的景观效果，保证视线的畅通和视觉的美感。此外，室外的花香还可以通过室内的门窗进入室内，增添室内的情趣。

　　住宅庭院设计与表现如图3-28～图3-40所示。

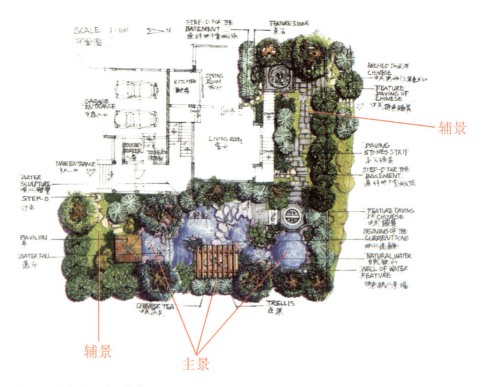

图3-26　住宅庭院的功能分区

这幅住宅庭院平面布置图景观布局合理，主次分明，主景与辅景相得益彰。在表现上，笔法精细、工整，细节刻画精致，色彩搭配协调、统一，画面整体感强。

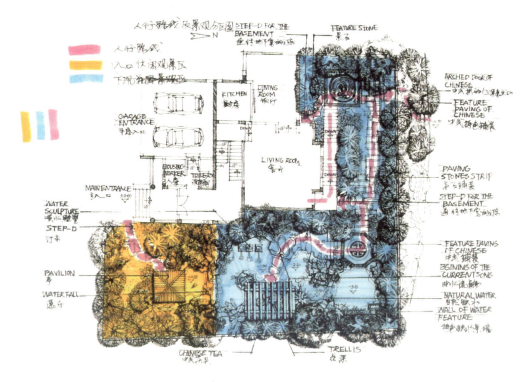

图3-27　住宅庭院的交通路线设计

图3-28　住宅庭院设计1

这幅住宅庭院透视表现图景观构图完整，以写实的表现手法逼真地再现了三维立体景观场景，其用笔和用色都力求精细，画面效果十分耐看。

图3-29　住宅庭院设计2

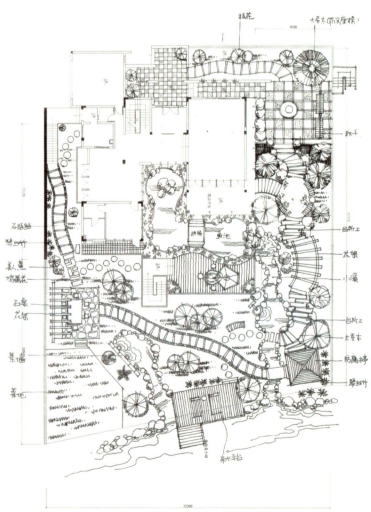

这幅住宅庭院平面布置图景观布局合理，交通顺畅，主景与辅景互为补充，产生移步换景的效果。画面中的钢笔线条流畅、自然，将不同的材质效果清晰地表达了出来。

图3-30　住宅庭院设计3　文健

图3-31　住宅庭院设计4　文健

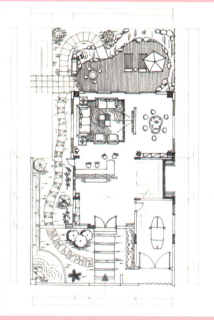

图3-32　住宅庭院设计5　文健

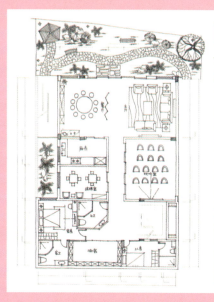

图3-33　住宅庭院设计6　文健

图3-34 住宅庭院设计7 文健

图3-35 住宅庭院设计8 文健

　　这幅住宅庭院平面布置图景观布局合理，景观层次丰富，景点较多，交通顺畅。线条与色彩搭配较好，使画面的整体效果协调、统一。

图3-36 住宅庭院设计9 文健

这组住宅庭院设计表现图布局合理,景点的设置有主有次、有显有隐、有虚有实,利用手绘结合计算机渲染的表现手法,真实地模拟出了空间的三维立体效果。

第三章 住宅庭院设计

图3-37 住宅庭院设计10 文健

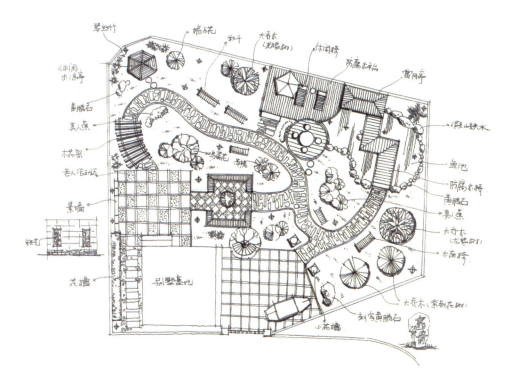

图3-38 住宅庭院设计11 文健

　　这组住宅庭院平面布置图景观布局完整，交通顺畅，主次分明。在表现上，对不同材质的物体进行了差异性的表现，使画面既统一、协调，又有一定的变化。

第三章 住宅庭院设计

图3-39 住宅庭院设计12

  这组住宅庭院平面布置图运用彩色铅笔技法,将整个景观布局细致地表达了出来,画面效果显得精致、细腻,整体感强。

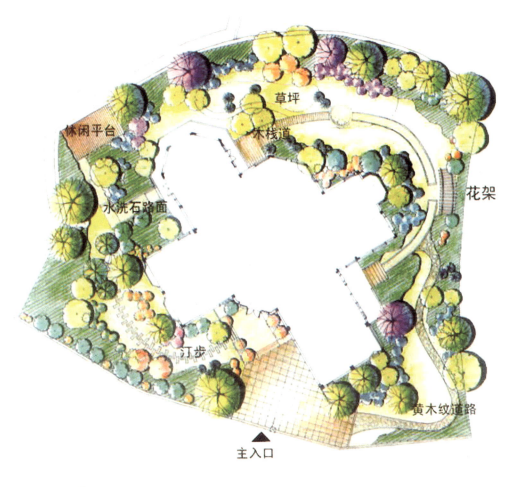

图3-40 住宅庭院设计13

第三章 住宅庭院设计

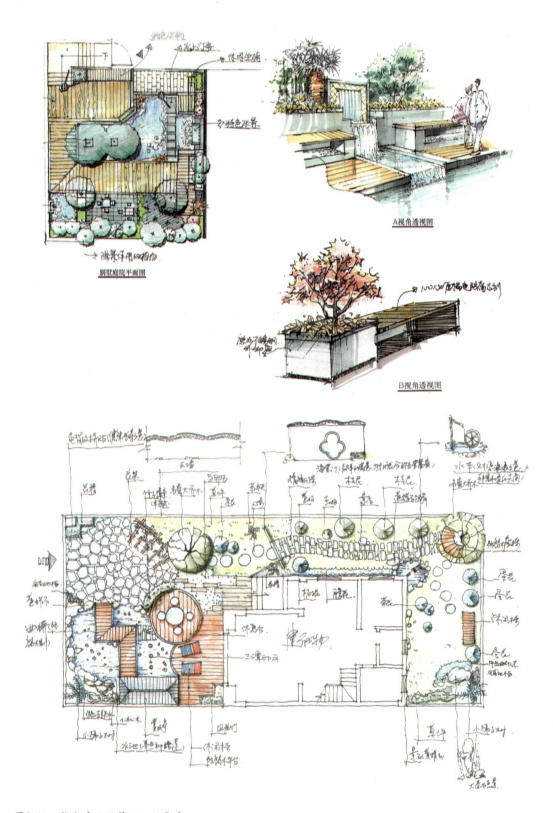

图3-41 住宅庭院设计14 胡华中

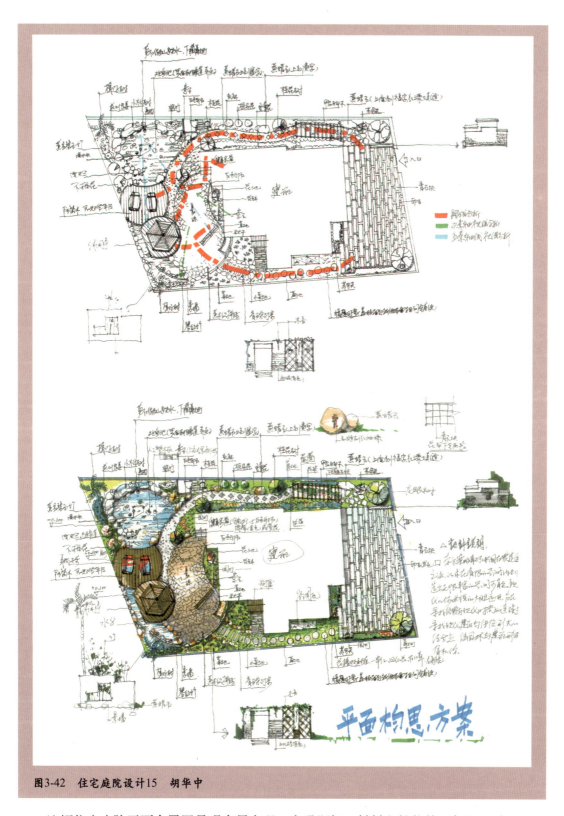

图3-42 住宅庭院设计15 胡华中

这幅住宅庭院平面布置图景观布局合理，交通顺畅，材料和植物使用标准细致，还配有简单的立面图表现，用笔和用色都较轻松、自然，体现出了设计草图特有的韵味。

图3-43 住宅庭院设计16 文健

  这组住宅庭院平面布置和透视表现图布局合理,主次分明,将二维的平面效果与三维的立体效果相结合,直观而真实地传达了设计理念。

图3-44 住宅庭院设计17

图3-45 住宅庭院设计18

这幅住宅庭院平面布置图景观布局合理，虚实有度，疏密得体，植物配置丰富，色彩表达细腻，整体画面效果和谐、统一。

第三章 住宅庭院设计

图3-46　住宅庭院设计19

图3-47　住宅庭院设计20

图3-48 住宅庭院设计21 胡华中

图3-49 住宅庭院设计22 闫杰

这幅住宅庭院设计表现图采用轴测图的表现方式,直观而真实地描绘了住宅庭院的三维立体场景,视角独特,形式新颖。

思考题

1. 住宅庭院的设计要点有哪些?
2. 绘制5幅住宅庭院设计平面图。

第四章 优秀园林景观手绘效果图赏析

　　本章的内容主要是通过对优秀园林景观手绘效果图的赏析,提高欣赏者对优秀园林景观手绘效果图的认识和理解,提升其审美素养,并能借鉴作品中的表现方法和技巧,为专业设计服务。

图4-1　园林景观手绘效果图1　胡华中

　　这幅园林景观手绘表现图构图完整,视觉中心突出,主次分明。其中,对木材和石材的质感刻画较好,画面的虚实关系也处理得十分到位。

图4-2　园林景观手绘效果图2　胡华中

图4-3　园林景观手绘效果图3　胡华中

第四章　优秀园林景观手绘效果图赏析

图4-4 园林景观手绘效果图4 胡华中

  这幅园林景观手绘表现图采用平面与透视相结合的表现手法，清晰而直观地将场景的局部效果表达出来，其画面构图错落有致，节奏感和韵律感较强，钢笔线条和色彩处理也较整体。

图4-5 园林景观手绘效果图5 胡华中

  这幅园林景观手绘表现图构图平稳，空间层次感强，色调协调、统一，细节刻画精细，画面效果简约、平和，又不失情趣。

图4-6　园林景观手绘效果图6　胡华中

　　这幅园林景观手绘表现图构图均衡，形体轮廓清晰，表现手法生动自然，展现了一定的形式美感。

图4-7　园林景观手绘效果图7　胡华中

　　这幅园林景观手绘表现图构图舒展，用笔灵活多样，虚实和疏密关系处理较好，用色以灰色为主调，显得和谐、统一，整幅画面传达出较强的视觉美感。

图4-8　园林景观手绘效果图8　胡华中

　　这幅园林景观手绘表现图用笔轻松、大气，画面表现出强烈的律动感和节奏感，形式美感较强，同时，这幅作品也体现出了作者对复杂物象的概括能力。

图4-9　园林景观手绘效果图9　胡华中

　　这幅园林景观手绘表现图用笔轻松、自然，用色简约、大气，画面概括好，整体感强。

图4-10　园林景观手绘效果图10　胡华中

　　这幅园林景观手绘表现图构图平稳，造型严谨，用笔工整、细致，用色协调、统一，充满了理性主义色彩和秩序的美感。

图4-11　园林景观手绘效果图11　王珂

　　这幅园林景观手绘表现图色彩丰富，景观层次多样，钢笔线条流畅而婉转，富有弹性和张力，体现出一定的情感。

这幅园林景观手绘表现图构图活泼，线条生动而有活力，色彩协调而有变化，形式美感较强。

图4-12　园林景观手绘效果图12　王珂

图4-13　园林景观手绘效果图13　王珂

这幅园林景观手绘表现图色彩协调、统一，构图饱满，透视严谨，景观层次丰富，细节刻画精致，装饰美感较强。

图4-14　园林景观手绘效果图14　王珂

　　这幅园林景观手绘表现图细节刻画十分精致，体现了作者高超的写实技巧和扎实的绘画功底，画面中的景观层次丰富，秩序感强。

　　这幅园林景观手绘表现图用笔生动、灵活，充分展现了线条的美感。用色简单、明了，但却充满情趣。

图4-15　园林景观手绘效果图15　杨健

第四章　优秀园林景观手绘效果图赏析

这幅园林景观手绘表现图表现手法轻松、自然,画面富有情趣,节奏感和韵律感表现较好,形式美感强。

图4-16　园林景观手绘效果图16　杨健

这组园林景观手绘表现图构图稳定,色彩简约、平和,细节刻画精致,比例匀称,节奏感强。

图4-17　园林景观手绘效果图17　园林景观设计公司作品

图4-18　园林景观手绘效果图18　园林景观设计公司作品

　　这幅园林景观手绘表现图构图开阔、舒展，主次、虚实关系处理较好，透视与比例严谨，景观层次丰富，有较强的形式韵味。

图4-19　园林景观手绘效果图19　广阔

　　这幅园林景观手绘表现图将传统中国画的水墨韵味巧妙地融合到画面中，使画面效果呈现出厚重的文化积淀和人文气息。

第四章　优秀园林景观手绘效果图赏析

这幅园林景观手绘表现图吸收了一些印象派绘画的光影着色法,营造出一种迷幻的色彩效果。

图4-20　园林景观手绘效果图20　广阔

这组园林景观手绘表现图用色大胆,色彩艳丽而丰富,给人以强烈的视觉冲击力。画面效果也显得生动、活泼。

图4-21　园林景观手绘效果图21　广阔

这幅园林景观手绘表现图以灰色为主调，整体色彩统一、协调，画面的节奏感和韵律感较强，形式语言丰富。

图4-22　园林景观手绘效果图22　广阔

这幅园林景观手绘表现图表现手法整体、大方，减少了烦琐的细节，使画面效果协调而统一。

图4-23　园林景观手绘效果图23　广阔

这幅园林景观手绘表现图色彩丰富，极富装饰韵味，画面中光影的处理较有新意，使画面看上去充满灵动感。

图4-24　园林景观手绘效果图24　广阔

第四章　优秀园林景观手绘效果图赏析

131

这幅园林景观手绘表现图绘制手法细腻、写实，真实地表现出了整个园林景观场景的布局和造型特点。

图4-25　园林景观手绘效果图25　陆宁国

这幅园林景观手绘表现图画工精致、细腻，几条曲线的运用使画面极富动感，画面的用色也非常协调，造型独特而有创意。

图4-26　园林景观手绘效果图26　广东集美设计公司作品

这幅园林景观手绘表现图构图严谨，透视精准，运用彩铅技法，生动细致地表现出了整个场景的造型特征。

图4-27　园林景观手绘效果图27
广东集美设计公司作品

这幅园林景观手绘表现图构图饱满，细节丰富，以轻松、自然的笔法，生动地将整个景观场景表现了出来。

图4-28　园林景观手绘效果图28　园林景观设计公司作品

这幅园林景观手绘表现图构图活泼，视觉空间效果丰富，细节刻画精致，色彩柔和而协调，画面整体感较强。

图4-29　园林景观手绘效果图29　夏克梁

这幅园林景观手绘表现图构图均衡，画面高低错落，富有节奏感和韵律感，色彩以绿色为主调，使整个画面效果显得清新、明快。

图4-30　园林景观手绘效果图30　夏克梁

第四章　优秀园林景观手绘效果图赏析

这幅园林景观手绘表现图用笔轻松、自然，不矫揉造作，画面中的景物错落有致、疏密得当，极富装饰韵味。

图4-31　园林景观手绘效果图31　赵国斌

这幅园林景观手绘表现图用笔工整、精致、写实，构图灵活，景观层次丰富，细节质感和光感表现细腻，真实感强。

图4-32　园林景观手绘效果图32　钟志军

这幅园林景观手绘表现图用笔轻松、自然，用色大胆，以强烈的明度对比和纯度对比，形成视觉的冲击，画面中的黑色运用较好，使画面产生较强的节奏感和韵律感。

图4-33　园林景观手绘效果图33　园林景观设计公司作品

这幅园林景观手绘表现图用笔轻松、洒脱，极富设计草图的韵味。色彩表现上使用了水彩结合马克笔的技法，利用水彩表现大块面的色彩，利用马克笔表现小面积的颜色，主次分明，虚实有度。

图4-34　园林景观手绘效果图34　园林景观设计公司作品

这幅园林景观手绘表现图以轻松自如的笔触，生动、灵活地表现了整个园林景观的效果。

图4-35　园林景观手绘效果图35　园林景观设计公司作品

这幅园林景观手绘表现图以水彩渲染的技法，真实地表现了中国古典园林的风貌，整幅作品刻画精致，色彩协调，营造出了恬美、幽静的意境。

图4-36　园林景观手绘效果图36　陈琳琳

这幅园林景观手绘表现图笔法简练、生动，透视严谨，空间进深感强，色彩柔和而协调，营造出了舒适、恬静的空间环境。

图4-37　园林景观手绘效果图37
　　　　园林景观设计公司作品

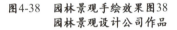

图4-38　园林景观手绘效果图38
　　　　园林景观设计公司作品

这幅园林景观手绘表现图采用一点透视焦点构图法，透视严谨，构图稳定，空间进深感强，景观层次丰富。

图4-39　园林景观手绘效果图39
　　　　园林景观设计公司作品

这幅园林景观手绘表现图视觉中心明确，主次、虚实关系处理较好，画面整体感强。

这幅园林景观手绘表现图构图平稳，景观层次丰富，远近、虚实关系处理到位，画面整体效果显得协调、统一。

图4-40　园林景观手绘效果图40　园林景观设计公司作品

这幅园林景观手绘表现图采用铅笔淡彩的表现手法，用笔灵活、生动，大块面颜色一气呵成，显得大气而协调，整个画面效果给人以轻松、灵动的感觉。

图4-41　园林景观手绘效果图41　陈红卫

这幅园林景观手绘表现图采用铅笔淡彩的表现手法，透视严谨，用笔轻松、洒脱，色彩以蓝色为主调，辅以局部的橘红色作点缀，形成画面大协调、小对比的视觉效果。

图4-42　园林景观手绘效果图42　陈红卫

第四章　优秀园林景观手绘效果图赏析

图4-43　园林景观手绘效果图43　岑志强

　　这幅园林景观手绘表现图用笔轻松、随意，光影表现细致，色调以单色调为主，显得协调而统一，空间层次丰富，画面整体感强。

图4-44　园林景观手绘效果图44　岑志强

　　这幅园林景观手绘表现图用笔生动、自然，色彩艳丽、大方，给人以活泼、欢快的视觉效果。

图4-45　园林景观手绘效果图45　园林景观设计公司作品

　　这幅园林景观手绘表现图透视严谨，细节刻画精致、细腻，空间层次丰富，画面节奏感和秩序感强。

图4-46 园林景观手绘效果图46 园林景观设计公司作品

　　这幅园林景观手绘表现图景观层次丰富，远近、虚实关系处理较好，景观之间相互穿插，形成韵味独特的画面效果。

图4-47 园林景观手绘效果图47 园林景观设计公司作品

　　这幅园林景观手绘表现图采用水彩渲染的技法，使画面显得晶莹剔透、灵动自然。

这幅园林景观手绘表现图采用水彩渲染的技法，构图开阔、舒展，色彩斑驳、灵动，画面效果轻松、自然。

图4-48　园林景观手绘效果图48　园林景观设计公司作品

这组园林景观手绘表现图以细腻的笔触，真实地表现了园林场景的三维立体效果，色彩简约、平和，画面协调、统一。

图4-49　园林景观手绘效果图49　园林景观设计公司作品

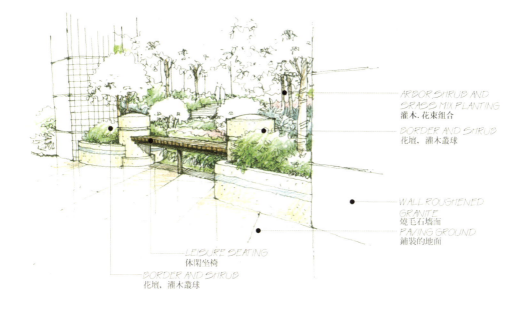

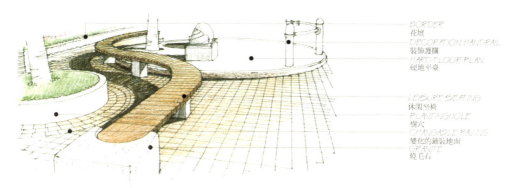

图4-50　园林景观手绘效果图50　园林景观设计公司作品

　　这组园林景观手绘表现图线稿精细，细节光影刻画细致，着色以彩铅为主，展现出特有的肌理质感。

第四章　优秀园林景观手绘效果图赏析

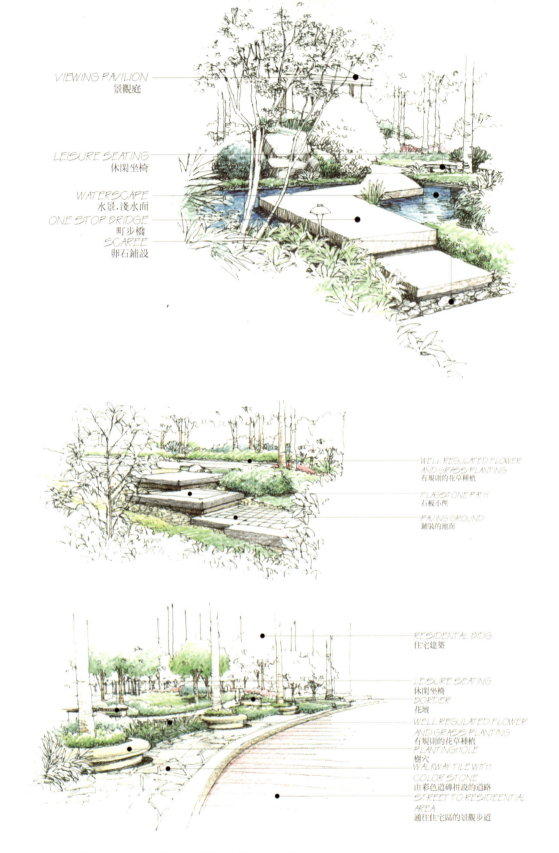

图4-51 园林景观手绘效果图51 园林景观设计公司作品

这组园林景观手绘表现图透视与比例关系严谨，物象刻画细致，画面精致、耐看。

图4-52 园林景观手绘效果图52 园林景观设计公司作品

这组园林景观手绘表现图表现手法细腻，质感把握准确，构图灵活多变，画面极富情趣。

第四章 优秀园林景观手绘效果图赏析

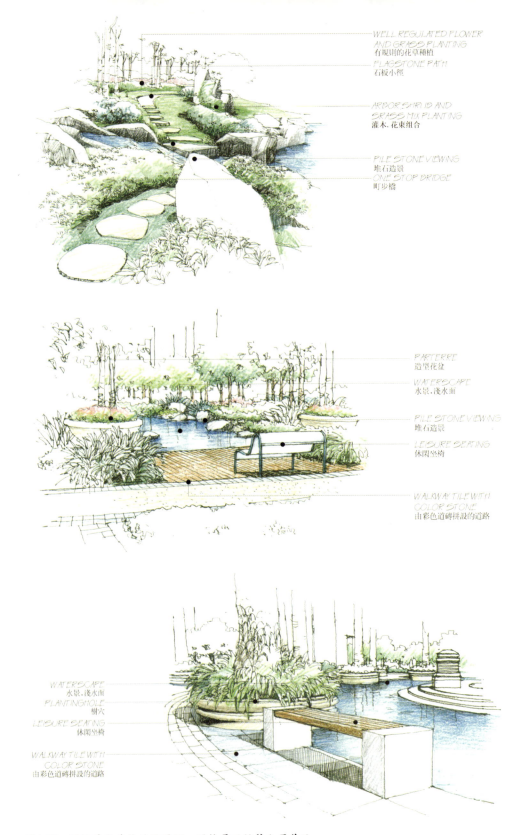

图4-53　园林景观手绘效果图53　园林景观设计公司作品

　　这组园林景观手绘表现图构图灵活，空间关系处理较好，用笔和用色精致、细腻，画面整体感强。

图4-54　园林景观手绘效果图54　园林景观设计公司作品

　　这幅园林景观手绘表现图构图完整，刻画细致，色彩丰富，搭配合理，画面形式美感强。

　　这幅园林景观手绘表现图构图以"S"形为主线，显得生动、活泼，景观刻画主次、疏密得当，整体形式美感较好。

图4-55　园林景观手绘效果图55　园林景观设计公司作品

第四章　优秀园林景观手绘效果图赏析

145

参 考 文 献

[1] 王受之. 世界现代建筑史[M]. 北京：中国建筑工业出版社，1999.
[2] 王受之. 世界现代设计史[M]. 广州：新世纪出版社，1995.
[3] 李泽厚. 美的历程[M]. 天津：天津社会科学院出版社，2001.
[4] 史春珊，孙清军. 建筑造型与装饰艺术[M]. 沈阳：辽宁科学技术出版社，1988.
[5] [法]热尔曼·巴赞. 艺术史[M]. 刘明毅，译. 上海：上海人民美术出版社，1989.
[6] 许亮，董万里. 室内环境设计[M]. 重庆：重庆大学出版社，2003.
[7] 尹定邦. 设计学概论[M]. 长沙：湖南科学技术出版社，2001.
[8] 席跃良. 设计概论[M]. 北京：中国轻工业出版社，2004.
[9] 尚磊. 景观规划设计方法与程序[M]. 北京：中国水利水电出版社，2007.
[10] 孔德政. 庭院绿化与室内植物装饰[M]. 北京：中国水利水电出版社，2007.